Wissenschaftliche Taschenbücher WTB

Mathematik · Physik

Heinrich Arnold

Physikalische Chemie der Halbleiter

Akademie-Verlag · Berlin

WTB Wissenschaftliche Taschenbücher

Eine Auswahl lieferbarer Bände:

JOACHIM AUTH / DIETMAR GENZOW
KLAUS H. HERRMANN
Photoelektrische Erscheinungen

HANS BANDEMER
ANDREAS BELLMANN
WOLFHART JUNG / KLAUS RICHTER
Optimale Versuchsplanung

FRANK BEICHELT
Prophylaktische Erneuerung von Systemen

JOACHIM BELLACH / PETER FRANKEN
ELKE WARMUTH / WALTER WARMUTH
Maß, Integral und bedingter Erwartungswert

WOLFRAM BRAUER
HANS-WALDEMAR STREITWOLF
Theoretische Grundlagen der Halbleiterphysik

SIEGFRIED BREHMER
Einführung in die Maßtheorie

SIEGFRIED BREHMER
Hilbert-Räume und Spektralmaße

JOHN CUNNINGHAM
Vektoren

GEORG DAUTCOURT
Relativistische Astrophysik

K. CH. DELOKAROV
Relativitätstheorie und Materialismus

WERNER DÜCK
Diskrete Optimierung

HANNELORE FISCHER
JOACHIM PIEHLER
Modellsysteme der Operationsforschung

GOTTFRIED FRITZSCHE
Grundlagen und Entwurf passiver Analogzweipole
Netzwerke I
Entwurf passiver Analogvierpole
Netzwerke II

HERBERT GOERING
Asymptotische Methoden zur Lösung von Differentialgleichungen

HERBERT GOERING
Elementare Methoden zur Lösung von Differentialgleichungsproblemen

EDUARD HERLT / NIKOLAUS SALIÉ
Spezielle Relativitätstheorie

HELMUT HESS
Der elektrische Durchschlag in Gasen

V. I. KARPMAN
Nichtlineare Wellen in dispersiven Medien

ULRICH KAUSMANN
KLAUS LOMMATZSCH
FRANTIŠEK NOŽIČKA
Lineare parametrische Optimierung

A. R. KESSEL
Akustische Kernresonanz

KONRAD KREHER
Festkörperphysik

DIETER KRESS
Theoretische Grundlagen der Signal- und Informationsübertragung

Berichtigung

S. 64, 5. Zeile:
Ergänze vor *Überschußladungen:*
und fehlenden Anionen positive

S. 87, 3. Zeile v. u.:
Statt ... K_V, gilt liegt ... lies ... K_V gilt, liegt ...

S. 101, Gleichung (2.72):
Statt n_i lies n_i^{-1}

S. 125, 2. Zeile v. u.:
Statt Se lies Si

S. 148, Unterschrift zu Abb. 39:
Statt n_i lies n_i^{-1}

S. 153, 3. Zeile (im Index):
Statt Se lies Te

S. 153, Fußnote, letzte Zeile (im Exponenten):
Statt k lies z

762 578 8 (7254) WTB Heinrich Arnold, Physikalische Chemie der Halbleiter

DIETER LEUSCHNER
Grundbegriffe der Thermodynamik

V. S. LETOCHOW
Laserspektroskopie

DIERCK-EKKEHARD LIEBSCHER
Relativitätstheorie mit Zirkel und Lineal

WOLFGANG MEILING
Digitalrechner in der elektronischen Meßtechnik
Teil 1: Meßmethodik -
Teil 2: Gerätetechnik und Anwendungen

L. I. MIROSCHNITSCHENKO
Kosmische Strahlen im interplanetaren Raum

PETER PAUFLER
GUSTAV E. R. SCHULZE
Physikalische Grundlagen mechanischer Festkörpereigenschaften
Teil I und II

ULRICH RÖSEBERG
Quantenmechanik und Philosophie

ALBRECHT ROST
Messung dielektrischer Stoffeigenschaften

J. V. SAČKOV
Wahrscheinlichkeit und Struktur

E. M. SAWIZKI
Perspcktiven der Metallforschung

WOLFGANG SCHÄFER
Theoretische Grundlagen der Stabilität technischer Systeme

ERNST SCHMUTZER
Symmetrien und Erhaltungssätze der Physik

VOLKMAR SCHURICHT
Kernexplosionen für friedliche Zwecke

NORBERT SIEBER
HANS-PETER LEIDHOLD
Einführung in die Datenverarbeitung

GERHARD WUNSCH
Zellulare Systeme

Festkörperphysik
Entwicklungstendenzen und Anwendungsmöglichkeiten

HORST MELCHER
Albert Einstein wider Vorurteile und Denkgewohnheiten

Die Schöpfer der physikalischen Optik
Eine Artikelsammlung

HANS-GEORG SCHÖPF
Von Kirchhoff bis Planck

RENATE WAHSNER
Mensch und Kosmos
Die copernicanische Wende

HELMUT FRIEMEL / JOSEF BROCK
Grundlagen der Immunologie

EBERHARD HOFMANN
Funktionelle Biochemie des Menschen
Band 1 und 2

LOTHAR JÄGER
Grundlagen der Klinischen Immunologie

KARLHEINZ LOHS
DIETER MARTINETZ
Entgiftung – Mittel, Methoden und Probleme

JOACHIM NITSCHMANN
Entwicklung bei Mensch und Tier

STEPHAN SCHNITZLER
Pharmakologische Aspekte von Immunreaktionen

DIETER SPAAR
HELMUT KLEINHEMPEL
HANS JOACHIM MÜLLER
KLAUS NAUMANN
Bakteriosen der Kulturpflanzen

Eberhard Teuscher
Pharmakognosie
Teil I–III

Michael Theile
Siegfried Scherneck
Zellgenetik

Heinrich Bremer
Klaus-Peter Wendlandt
Heterogene Katalyse

Peter Birner
Hans-Jörg Hofmann
Cornelius Weiss
MO-theoretische Methoden in der organischen Chemie

Günter Eppert
Einführung in die Schnelle Flüssigchromatographie

Gerhard Geiseler / Heinz Seidel
Die Wasserstoffbrückenbindung

Helmut Hrapia
Einführung in die Chromatographie

Hans Luppa
Grundlagen der Histochemie
Teil I und II

Burkart Philipp
Gerhard Reinisch
Grundlagen der makromolekularen Chemie

Horst Remane / Rainer Herzschuh
Massenspektrometrie in der organischen Chemie

Adolf Zschunke
Kernmagnetische Resonanzspektroskopie in der organischen Chemie

Vorschau auf die nächsten Bände:

Horst-Heino von Borzeszkowski
Renate Wahsner
Newton und Voltaire

Werner Döpke
Dynamische Aspekte der Stereochemie organischer Verbindungen

Gottfried Fritzsche
Entwurf aktiver Analogsysteme
Netzwerke III

Falko H. Herrmann
Marina Herrmann
Das Hämoglobin des Menschen

Gerhard Jackisch
Johann Heinrich Lamberts „Cosmologische Briefe“ mit Beiträgen zur Frühgeschichte der Kosmologie

Hasso Meinert
Fluorchemie

Das Neutron
Eine Artikelsammlung

Volker Nollau
Semi-Markovsche Prozesse

Dieter Onken
Antibiotika — Chemie und Anwendung

Robert Rompe
Hans-Jürgen Treder
Über Physik — Studien zu ihrer Stellung in Wissenschaft und Gesellschaft

Rainer Sinz
Chronopsychophysiologie, Chronobiologie und Chronomedizin

Hubertus Stolz
Supraleitung

WTB

BAND 254

Heinrich Arnold

Physikalische Chemie der Halbleiter

Mit 47 Abbildungen und 2 Tabellen

AKADEMIE-VERLAG · BERLIN

Reihe MATHEMATIK UND PHYSIK

Verfasser:
Prof. Dr. rer. nat. habil. Heinrich Arnold
Technische Hochschule Ilmenau
Sektion Physik und Technik elektronischer Bauelemente

1978
Erschienen im Akademie-Verlag, 108 Berlin, Leipziger Str. 3—4

Lizenznummer: 202 · 100/439/78
Herstellung: VEB Druckhaus „Maxim Gorki", 74 Altenburg
Bestellnummer: 762 578 8 (7254) · LSV 1214
Printed in GDR
DDR 12,50 M

Vorwort

Im Rahmen der Feststoffchemie hat die physikalische Chemie der Halbleiter eine Schlüsselstellung hinsichtlich der Grundlagenkenntnisse über chemische Bindung, Fehlordnung und Diffusion, die die Schwerpunkte unserer einführenden Darstellung bilden, erworben.

Diese Entwicklung vollzog sich im Zuge des stürmischen Aufschwungs der Festkörperelektronik, für die die Halbleiterchemie — in engem Zusammenwirken mit Halbleiterphysik und -technik — optimale Eigenschaftenkombinationen der Halbleitermaterialien aufzusuchen und durch eine Stoffwandlungstechnologie auf hohem Niveau zu gewährleisten hat. Gegenüber der Ansammlung neuer Einzelkenntnisse ist dabei die didaktische Verarbeitung und Verdichtung des Wissensstoffs zurückgeblieben, was gerade für eine Taschenbuchdarstellung interessante Aufgaben mit sich bringt.

Neben der Variation von Halbleitereigenschaften im Zusammenhang mit dem chemischen Bindungscharakter stellen auf dem Halbleitergebiet besonders die für die Technologie grundlegenden Hochtemperaturprozesse, die den Stoffaustausch zwischen Kristall und Umgebung einschließen, eine Domäne der Anwendung chemischer Betrachtungsweisen dar. Diese führen auch bei elektronischen Elementarprozessen zu kompatiblen Formulierungen auf der Basis von Reaktionsgleichungen, wovon wir bevorzugt Gebrauch machen. Zunächst werden dabei kinetische Betrachtungen durchgeführt, soweit das als möglich und sinnvoll erscheint, um auch thermodynamisch und statistisch wenig geschulten Lesern einen Zugang zu den für das Gleichgewicht grundlegenden Gesetzmäßigkeiten zu geben. Die chemisch-thermodynamische Basis solcher Gesetzmäßigkeiten wird anschließend skizziert, wobei naturgemäß nur die Anschlußstellen für statistische Betrachtungen aufgezeigt werden können, ohne daß diese geschlossen durchgeführt sind.

Das gewählte Vorgehen erfordert eine intensivere Mitarbeit, als sie bei Beschränkung auf nur eine der Betrachtungsweisen von Halbleiterprozessen notwendig wäre, die in der Literatur nebeneinander existieren. Der innere Zusammenhang zwischen synonymen Formulierungen aus der Halbleiterchemie und -technologie einerseits und der Halbleiterphysik und -elektronik andererseits muß deutlich werden im Interesse einer besseren interdisziplinären Verständigung, die die Grundvoraussetzung für weitere Fortschritte auf dem Halbleitergebiet darstellt.

Die Auswahl des Gebrachten ist eng gehalten unter Orientierung auf grundlegende, physikalisch-chemische Sachverhalte, bei weitgehendem Verzicht auf experimentelle und technische Einzelheiten. Eine Reihe von Themen konnte um so eher unberücksichtigt bleiben, als sie in werkstoffwissenschaftlichen Darstellungen im Vordergrund stehen wie beispielsweise die Gewinnung und Reinigung von Halbleitermaterialien, die Bildungsprozesse von Einkristallen und ihre Ätzung sowie die Herstellung und die Eigenschaften halbleitender Mischkristallsysteme. Auch Grenzflächenphänomene konnten aus Platzgründen kaum Berücksichtigung finden, soweit das nicht für das Verständnis der Eigenschaften des Kristallinneren unerläßlich war. Generell wird wegen ausführlicherer Darstellungen mit Anschlußzitaten an die Originalliteratur sowie tieferen Begründungen für Sachverhalte, die aus der Halbleiterphysik übernommen wurden, auf die Buchauswahl am Schluß des Textteils verwiesen.

Diese einführende Darstellung wendet sich an fortgeschrittene Studierende und Absolventen der Chemie,

Kristallographie, Physik, Bauelementeelektronik und Werkstoffwissenschaften. Sie entstand aus Lehr- und Weiterbildungsveranstaltungen für diesen Personenkreis.

Allen Fach- und Arbeitskollegen, die durch Anregungen, Diskussionen und technische Mithilfe zum Zustandekommen des Manuskripts beigetragen haben, danke ich herzlich.

H. Arnold

Inhaltsverzeichnis

Häufig verwendete Symbole

(mit Angabe des Abschnitts der Definition bzw. der ersten Verwendung)

Symbol	Bedeutung	Abschnitt
A^{x}, A' u. A''	Akzeptor neutral, einfach u. zweifach negativ ionisiert	(2.2.)
A_B bzw. A_i	A-Atom auf B-Platz bzw. interstitiell	(2.1.)
B_A bzw. B_i	B-Atom auf A-Platz bzw. interstitiell	(2.1.)
D^{x}, $D^{\cdot}$ u. $D^{\cdot\cdot}$	Donator neutral, einfach u. zweifach positiv ionisiert	(2.2.)
D_r	Diffusionskoeffizient von r	(3.1.)
E	Energie	(1.2.2.)
E_F	*Fermi*-Energie	(2.5.1., allg. Def. in 2.5.5.)
$E_g = E_C - E_V$	Energiebandabstand zwischen Valenzbandoberkante (E_V) und Leitungsbandunterkante (E_C)	(1.2.1.)
E_d bzw. E_a	Ionisierungsenergie von Donatoren bzw. Akzeptoren	(2.2.)
e	Elementarladung ($= 1{,}602 \times 10^{-19}$ C)	
e'	Leitungsbandelektron	(2.1.)
f_i	Ionizität der chem. Bindung	(1.3.3.)
ΔG (ΔG_0)	Freie (Standard-) Reaktionsenthalpie	(2.4.1.)
ΔH (ΔH_X)	Reaktionsenthalpie (der Reakt. X)	(2.3.2.)
$^{a}H_r$	Aktivierungsenthalpie der Diffusion von r	(3.1.)

Symbol	Bedeutung	Abschnitt
h	*Planck*sches Wirkungsquant ($= 6{,}626 \cdot 10^{-34}$ Js)	
$\mathrm{h}^{\cdot}$	Defektelektron im Valenzband	(2.1.)
j_r oder $j(\mathrm{r})$	r-Teilchenstromdichte	(3.1.)
K ($\mathrm{K_X}$)	Gleichgewichtskonstante (der Reaktion X)	(2.3.2.)
K	Komponentenanzahl	(nur in 4.1.)
k	*Boltzmann*-Konstante ($= 1{,}38 \times 10^{-23}$ J/K $= 8{,}62 \cdot 10^{-5}$ eV/K)	
M	Molmasse	(2.1.)
N_AV	*Avogadro*-Zahl ($= 6{,}02 \cdot 10^{23}\ \mathrm{mol}^{-1}$)	
N_C bzw. N_V	effektive Zustandsdichte im Leitungs- bzw. Valenzband	(2.5.2.)
$n = [\mathrm{e}']_\mathrm{V}$	Elektronenkonzentration im Leitungsband	(2.1.)
n_i	Inversionsdichte	(2.3.1.)
P_r	Partialdruck von r	(2.4.1.)
$p = [\mathrm{h}^{\cdot}]_\mathrm{V}$	Defektelektronenkonzentration im Valenzband	(2.1.)
r	Kernabstand	(nur in 1.2.)
r_gl	Gleichgewichts-Kernabstand	(1.2.1.)
r	(Quasi-) Teilchenart oder Reaktionspartner mit der Konzentration [r], speziell der Volumenkonzentration $[\mathrm{r}]_\mathrm{V}$ und der Gitterkonzentration $[\mathrm{r}]_\mathrm{G}$	(2.1.)
T	abs. Temperatur	(2.3.1.)
t	Zeit	(3.1.)
u_r	elektrische Beweglichkeit von r	(2.1.)
$V(x)$	potentielle Elektronenenergie als x-Fkt.	(1.3.1.)
$\mathrm{V_A}$	A-Vakanz	(2.1., Ladung in 2.2.)
$\mathrm{V_i^x}$	vakanter Zwischengitterplatz	(2.4.2.)
x	Ortskoordinate	(1.2.2.)
z_A bzw. z_B	effektive Ladungszahl des Grundgitterbestandteils A bzw. B	(1.3.3.)

z_r	Überschußladungszahl von Defekten r	(2.5.5.)
ε_0	Influenzkonstante ($= 8{,}854 \cdot 10^{-14}$ As/(Vcm))	
$\varkappa$	spezifische Leitfähigkeit	(2.1.)
μ_r	chemisches Potential von r	(2.4.1.)
ν_r	stöchiom. Koeffizient von r	(2.3.2.)
ϱ	Massendichte	(2.1.)
φ	elektrisches Makropotential	(2.5.5.)

1. Halbleiter und ihre chemische Bindung

Einleitend soll eine erste Übersicht über wichtige Halbleiter anhand des Periodensystems der Elemente und einfacher, von den Molekülen her bekannter Bindungsvorstellungen gegeben werden (Abschn. 1.1.). Zwei weitere Abschnitte behandeln das Energiebändermodell des Idealkristalls in Zusammenhang mit dem Bindungscharakter. Mit dieser Behandlung von Grundgittereigenschaften besitzt das erste Kapitel eine relative Eigenständigkeit gegenüber allen späteren Betrachtungen, die die Elementarprozesse im Realkristall in den Vordergrund stellen.

1.1. Übersicht über die wichtigsten Halbleiter

1.1.1. Allgemeines

Für eine erste Charakterisierung der Halbleiter ist ihre spezifische elektronische Leitfähigkeit heranzuziehen, die in typischen Fällen mit 10^{-8} bis 10^{4} $(\Omega\ \mathrm{cm})^{-1}$ zwischen Isolatoren und Metallen liegt. Sie hängt wesentlich stärker als bei diesen beiden Stoffklassen von Fremdbeimengungen und anderen Gitterstörungen ab[1]). Während gegenüber den Isolatoren nur derartige graduelle Unterschiede existieren, besteht ein prinzipieller Unterschied

[1]) Zumindest dadurch muß die Leitfähigkeit in den oben angegebenen Wertebereich gelangen. So zählt z. B. der Diamant mit Raumtemperaturleitfähigkeiten bis zu 10^{-2} $(\Omega\ \mathrm{cm})^{-1}$ bei Aluminiumgehalt, aber nur 10^{-13} $(\Omega\ \mathrm{cm})^{-1}$ im hochreinen Zustand noch zu den – allerdings untypischen – Halbleitern.

hinreichend reiner Halbleiter gegenüber den Metallen im *Verschwinden der Leitfähigkeit bei Annäherung an den absoluten Nullpunkt der Temperatur.*

Die intermediäre Stellung zwischen Metallen und Isolatoren kommt bei den Elementen mit halbleitenden Modifikationen auch im Periodensystem zum Ausdruck, wo wir sie in der 3. bis 6. Hauptgruppe finden (Abb. 1).

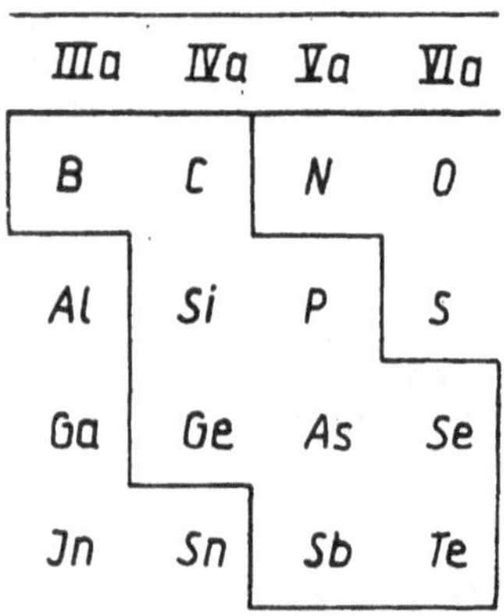

Abb. 1. Ausschnitt aus dem Periodensystem mit halbleitenden Elementen (eingerahmt)

Unter ihnen sind das heute in der Anwendung dominierende Si sowie das früher bevorzugte Ge mit ihren hochsymmetrischen Kristallgittern (Abb. 2) theoretisch und experimentell weitaus am besten untersucht.

Der Halbleitercharakter der Elemente ist mit einem ausgedehnten System kovalenter Bindungen verbunden, das sich bevorzugt eindimensional (Elemente der 6. Gruppe), zweidimensional (Graphit, schwarzer Phosphor, rudimentär auch im amorphen As und Sb) oder in allen drei Raumrichtungen (Diamant, Si, Ge, B) erstreckt. Dagegen resultiert Isolatorcharakter, wenn die kovalente Bindung, wie bei den im Periodensystem weiter rechts und oben stehenden Nichtmetallen, streng auf kleine Moleküle (N_2, O_2 usw.) beschränkt ist.

Bei den halbleitenden Verbindungen tritt zum kovalenten der in Abschn. 1.3. quantitativ behandelte ionogene Bindungsanteil hinzu. Mindestens einer ihrer Verbindungspartner ist in der Regel ein nichtmetallisches (halbleitendes oder auch ioslierendes) Element, ein anderer in vielen Fällen ein Metall.

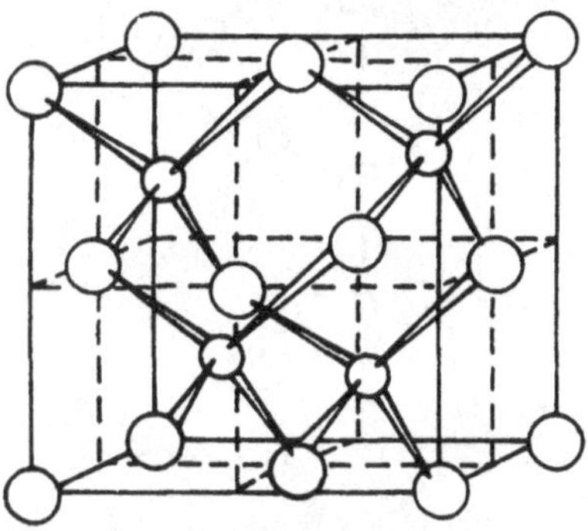

Abb. 2. Elementarzelle des Zinkblende-Gittertyps. Bei gleichen Atomen (C, Si, Ge oder Sn) in den beiden Teilgittern resultiert der Diamant-Gittertyp

1.1.2. Tetraedrisch koordinierte Halbleiter

Versucht man die Halbleiter nach ihren Koordinations- und Bindungsverhältnissen zu klassifizieren, so ergibt sich als bei weitem größte und wichtigste Familie diejenige mit tetraedrischer Koordination. Wie bei Diamant, Si und Ge liegt auch bei den meisten hierher gehörigen Verbindungen eine *mittlere Anzahl von 4 Valenzelektronen pro Atom* vor[1]), die die aus der Chemie des Kohlenstoffs bekannten sp^3-Hybridbindungen bilden.

[1]) Eine Ausnahme sind die unten behandelten Defektstrukturen.

Diese erstrecken sich in Richtung der Kernverbindungsgeraden, die von jedem herausgegriffenen Atom (z. B. S in Abb. 2) zu seinen vier auf Tetraederecken angeordneten Bindungspartnern (Zn in Abb. 2) verlaufen. In Abb. 3a ist dies nochmals für den Zinkblende-Typ verdeutlicht und der ebenfalls tetraedrischen Anordnung beim hexagonalen Wurtzit-Typ in Abb. 3b gegenübergestellt. Diese geht durch eine Drehung von 60° um

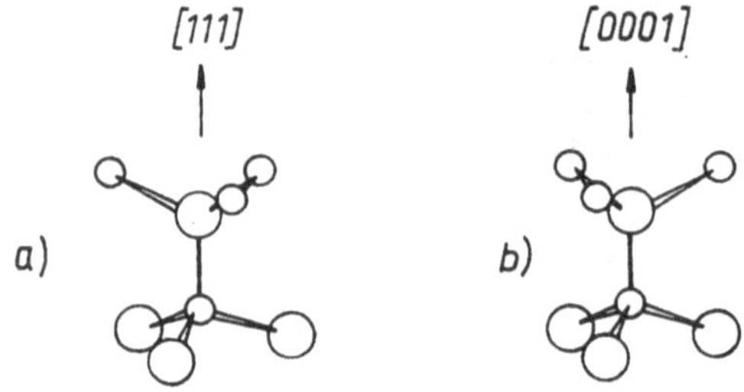

Abb. 3. Anordnung der Zn- und der S-Atome
a) im Zinkblendegitter
b) im Wurtzitgitter

die in [111]-Richtung verlaufende Kernverbindungsgerade aus dem Zinkblendegitter hervor, wodurch diese Richtung zur hexagonalen c-Achse wird.

Im Zinkblende- oder (seltener) im Wurtzit-Typ kristallisieren zahlreiche binäre Halbleiter der allgemeinen Formel $A^N B^{VIII-N}$ mit N und VIII-N als Gruppennummern im Periodensystem. Hierher gehören:

— die $A^{IV}B^{IV}$-Verbindung SiC;
— $A^{III}B^{V}$-Verbindungen wie das durch seine hohe Elektronenbeweglichkeit ausgezeichnete InSb sowie eine Reihe für die Optoelektronik interessante Verbindungen, insbesondere GaP und GaAs, der meistverwendete Verbindungshalbleiter überhaupt;
— $A^{II}B^{VI}$-Verbindungen wie CdS als wichtigster Fotohalbleiter für den sichtbaren Spektralbereich und

ZnS als wichtigster Luminophor, sowie weitere Chalkogenide des Zinks und Kadmiums;
- einige A^IB^{VII}-Verbindungen ohne technische Bedeutung als Halbleiter.

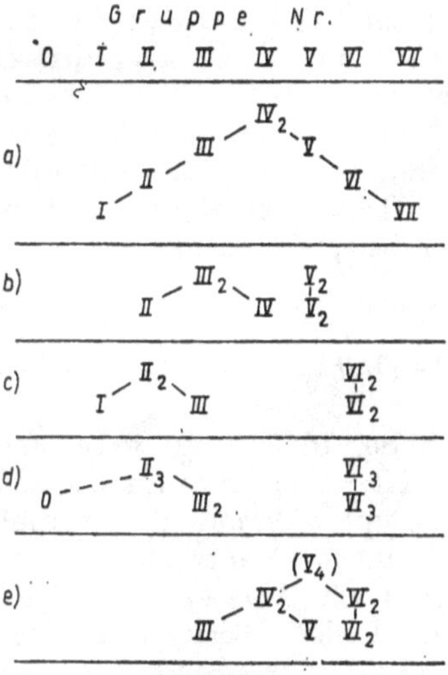

Abb. 4. Verwandtschaftsbeziehungen von Halbleitersubstanzen

Die Beziehungen zwischen den bisher aufgezählten tetraedrischen Halbleitern, die uns später noch näher beschäftigen werden, lassen sich durch den „Stammbaum" in Abb. 4a veranschaulichen. Analog können aus den binären ternäre Halbleiter abgeleitet werden, was in Abb. 4b und 4c für ternäre Analoga der $A^{III}B^V$- und $A^{II}B^{VI}$-Verbindungen (z. B. $CdSnAs_2$ und $AgAlS_2$) gezeigt ist. Sie kristallisieren häufig im tetragonalen Gittertyp des Chalkopyrits ($CuFeS_2$), der aus dem Zinkblende-Typ (Abb. 2) durch alternierende Besetzung der Zn-Plätze mit zwei verschiedenen Atomarten hervorgeht, wodurch sich die Elementarzelle verdoppelt. — Das hier nur an Beispielen erläuterte Substitutionsprinzip führt zu einer großen Mannigfaltigkeit ternärer und noch komplizierterer Halbleiter.

Weitere Möglichkeiten ergeben sich durch die Bildung sogenannter Defektstrukturen in tetraedrisch koordinierten Gittern, bei denen ein Teil der Gitterplätze vakant bleibt, was in Abb. 4d durch „0" ausgedrückt ist. Hier ist ein Drittel der Plätze des A-Teilgitters im Zinkblende- oder Wurtzit-Typ (bei statistischer oder geordneter Verteilung) unbesetzt, so daß $A_2^{III}B_3^{VI}$-Verbindungen mit einsamen Elektronenpaaren an einem Teil der B-Atome resultieren, beispielsweise In_2Te_3.

1.1.3. Weitere anorganische Halbleiter

$A^{IV}B^{VI}$-*Halbleiter.* PbS, PbSe, PbTe und SnTe sind für die Optoelektronik im IR-Gebiet interessant und kristallisieren im Steinsalz-Typ, während die Sulfide und Selenide von Ge und Sn im nahe verwandten SnS-Typ auftreten. Auch einige nach Abb. 4e abgeleitete ternäre Verbindungen, z. B. $TlSbS_2$, besitzen analoge Koordinations- und Bindungsverhältnisse, wie wir sie am Beispiel des PbS betrachten wollen.

Hier beteiligen sich die *s*-Elektronen nicht an der Bindung, sondern nur die zwei *p*-Valenzelektronen des Pb gemeinsam mit den vier *p*-Valenzelektronen des S. Auf jedes Atom entfallen nach dem gedachten Übergang eines Elektrons vom S zum Pb (mit dem Ziel einer dativen Bindung) drei *p*-Elektronen, deren Orbitalachsen senkrecht zueinander in Richtung auf nächstbenachbarte Atome verlaufen unter Ausbildung von drei Elektronenpaarbindungen. Die Gleichberechtigung entgegengesetzter Richtungen führt zur Sechserkoordination des Steinsalzgitters und zur *Mesomerie*, in eindimensionaler Darstellung:

$$\text{Pb—S Pb—S Pb—S} \leftrightarrow \text{—Pb S—Pb S—Pb S—}$$

Daß die hiermit verbundene *Delokalisierung der Valenzelektronen* nicht so weit geht, bis metallische Leitung auftritt, ist hauptsächlich auf eine gewisse Lokalisierung am Schwefel im Sinne der Ausbildung einer Ionenbindung $Pb^{2+}S^{2-}$ zurückzuführen[1]). Die Ionizität dieses Halbleiters ist jedoch deutlich geringer als die der isolierenden Alkalimetallhalogenide und Erdalkalimetallchalkogenide vom Steinsalz-Typ (Abschn. 1.3.).

Aus der erheblichen Zahl weiterer anorganischer Halbleiter können wir im folgenden lediglich einige bemerkenswerte Beispiele anführen, ohne auf — meist weniger weit gediehene — Versuche zur Verknüpfung von Struktur, Bindung und Halbleitung einzugehen.

$A_3^IB^V$-*Halbleiter* sind die Alkalimetallantimonide, die als Fotokatoden verwendet werden, z. B. Cs_3Sb.

$A_2^IB^{VI}$-*Halbleiter* sind Cu- und Ag-(I)-Chalkogenide, darunter das im historischen „Kupferoxydulgleichrichter" verwendete Cu_2O.

$A_2^VB_3^{VI}$-*Halbleiter* wie Bi_2Se_3 und Bi_2Te_3 finden thermoelektrische Anwendungen wegen des sehr kleinen Verhältnisses von Wärmeleitfähigkeit zu elektrischer Leitfähigkeit, das mit dem hohen Atomgewicht der Konstituenten zusammenhängt.

d-Metallverbindungen, insbesondere die Chalkogenide der Übergangsmetalle mit teilweise gefüllten *d*-Schalen (darunter z. B. der Heißleiterwerkstoff NiO), bilden eine große Gruppe von Halbleitern, die gegenüber den bisher behandelten Substanzen ausgeprägte Besonderheiten im Leitungsmechanismus aufweisen. Diese werden noch nicht voll verstanden (s. a. Abschn. 1.2.2. und 2.2.2.1.), zumal große Reinheits- und Perfektionsprobleme für diese Materialien bestehen. Das gleiche gilt für die beiden nachfolgend noch besprochenen Stoffklassen.

---

[1]) Kristallines As und Sb zeigen mit drei *p*-Valenzelektronen und ähnlicher Koordination wie das PbS ähnliche Mesomerieerscheinungen bei fehlender Ionizität, so daß hier metallische Leitung auftritt. Demgegenüber sind im amorphen, halbleitenden Zustand dieser Elemente die Mesomeriemöglichkeiten eingeschränkt. Wegen dieser Verhältnisse sind die Elemente der V. Gruppe an der Spitze des Stammbaums in Bild 4e eingeklammert.

Halbleitende Gläser werden als Zwei- oder Mehrstoffsysteme insbesondere von As, Ge und Si gemeinsam mit Se und Te gebildet, die als zweiwertige „Brückenelemente“ fungieren. Sie ersetzen den in den meisten anderen, isolierenden Gläsern auftretenden Sauerstoff. Daraus resultiert ein wesentlich stärker kovalenter Bindungscharakter, mit dem die Halbleitung dieser sogenannten Chalkogenidgläser im Zusammenhang steht.

1.1.4. Organische Halbleiter

Die Moleküle organischer Halbleiter besitzen als gemeinsames Merkmal leicht anregbare, weitgehend delokalisierte Valenzelektronen (π-Elektronen). Dabei lassen sich hauptsächlich drei große Gruppen unterscheiden:

— Monomere, meist aromatische Verbindungen oder Radikale,
— hochpolymere konjugierte Verbindungen sowie
— Ladungsübertragungskomplexe.

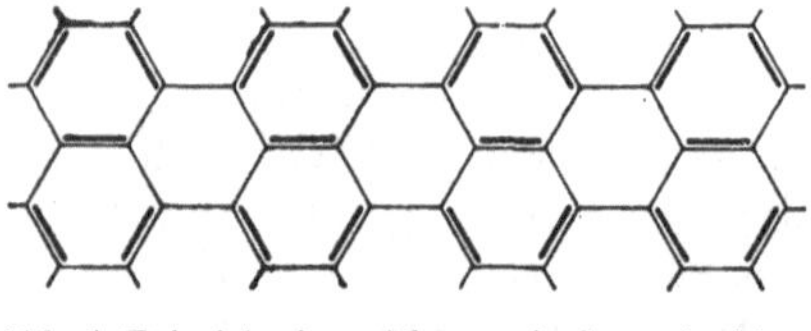

Abb. 5. Beispiel einer Mesomerie-Grenzstruktur in einer Kohlenstoffschicht des Graphits im Ausschnitt. Bei Besetzung der peripheren freien Bindungen in dieser Formel durch Wasserstoffatome entsteht das Molekül des Halbleiters Quarterrylen $C_{40}H_{20}$

Den einfachsten Molekülbau haben die zur ersten Gruppe gehörenden, polyzyklischen aromatischen Kohlenwasserstoffe, für die als Beispiel in Abb. 5 das Kohlenstoffbindungsskelett des Quarterrylens als Mesomerie-Grenzstruktur gezeigt ist. Die Halbleitung solcher Verbindungen nimmt im allgemeinen mit der π-Elektronenzahl in den konjugierten Doppelbindungen zu. Den Grenzfall stellt der Graphit mit seinen in zwei Dimensionen praktisch unendlich ausgedehnten Konjugationssystemen (Abb. 5) dar. Innerhalb dieser Schichten sind die π-Elektronen so weitgehend delokalisiert, daß nahezu metallische Leitfähigkeit auftritt, während senkrecht dazu die Leitfähigkeit um 5 Größenordnungen geringer ist. Zwischen den Schichten liegen — ebenso wie zwischen organischen Molekülen — im wesentlichen nur *van der Waals*-Bindungen vor, so daß für die elektronischen Ladungsträger größere Potentialbarrieren auftreten. Ihre Überwindung oder Durchtunnelung stellt hier und bei allen organischen Halbleitern das Hauptproblem dar.

Bei den Hochpolymeren als unserer zweiten Gruppe sind ebenfalls aromatische Verbindungen, wie z. B. das Polyphenylen $(-C_6H_4-)_n$ mit hohen Polymerisationsgraden n, wichtige halbleitende Vertreter. Durch thermische Zersetzung und Zyklisierung geeigneter Verbindungen entstehen „Pyropolymere“, die mit zunehmender Herstellungstemperatur leitfähiger und graphitähnlicher werden. — Eine weniger ausgeprägte, aber für eine Halbleitung ausreichende π-Elektronen-Delokalisierung tritt in kettenförmig konjugierten, aliphatischen Polymeren, wie z. B. dem Polyvinylen $(-CH{=}CH-)_n$, auf.

Die Leitfähigkeit monomerer oder polymerer, konjugierter Verbindungen kann durch Bildung von Ladungsübertragungskomplexen mit anorganischen oder organischen Zusätzen, die zu einer verstärkten Elektronendelokalisierung führen, um mehrere Größenordnungen erhöht werden. Einfache Vertreter dieser dritten Gruppe organischer Halbleiter sind die Komplexe polyzyklischer aromatischer Kohlenwasserstoffe mit Jod, das auf Grund seiner hohen Elektronenaffinität eine Ladungsübertragung in Richtung auf eine Ionisierung mit zusätzlichen Mesomerie-Möglichkeiten bewirkt.

Insgesamt ist die Situation bei den organischen Halbleitern noch komplizierter als bei den *d*-Metallverbindungen und den Gläsern, wobei häufig wie dort sehr kleine Ladungsträgerbeweglichkeiten auftreten[1]) und auf möglicherweise verwandte Leitungsmechanismen hinweisen. Die hauptsächliche Grundlage für das Verständnis der Eigenschaften stellt wie bei den anorganischen Halbleitern das Energiebändermodell dar, dessen Behandlung wir allerdings nur für die wesentlich einfacheren Verhältnisse in Koordinationsgittern vornehmen können.

1.2. Grenzfälle der chemischen Bindung und Energiebändermodell

In diesem Abschnitt stellen wir Aussagen über die Elektronenzustände in metallischen, kovalenten und ionischen Kristallen anhand repräsentativer Beispiele einander gegenüber, während Übergangsfälle der chemischen Bindung im Abschn. 1.3. behandelt werden.

Die grundlegende Theorie der Elektronenzustände im Festkörper, die Energiebändertheorie, berücksichtigt als *Einelektronennäherung* die Wechselwirkung eines herausgegriffenen Elektrons mit den übrigen Elektronen nur als eine Modifizierung des Potentials der Atomkerne. Dadurch kann die Aufgabe, Aussagen über die Gesamtheit der Elektronen zu gewinnen, in zwei Teilschritten gelöst werden:

a) Quantenmechanische Berechnung des Energietermschemas (d. h. der Verteilung der erlaubten Energiewerte über die Energieskala) und der zugehörigen Anzahl von Elektronenplätzen.
b) Statistische Berechnung der temperaturabhängigen Besetzungswahrscheinlichkeit der Terme und damit der Verteilung der Elektronengesamtheit über die Energieskala.

---

[1]) Unter 1 cm^2/Vs, im Unterschied zu den normalerweise auftretenden Werten von 10 bis 10^6 cm^2/Vs.

Dabei resultieren für halbleitende Kristalle die Konzentrationen der für die Leitfähigkeit verantwortlichen, beweglichen elektronischen Ladungsträger. Diese werden erst unter 2. näher betrachtet. Sie verschwinden am absoluten Nullpunkt der Temperatur im Grundzustand der Kristalle, für den sich die Elektronenverteilung einfach durch Besetzung der Terme in der Reihenfolge steigender Energie unter Berücksichtigung des *Pauli*-Prinzips ergibt.

Dieser Grundzustand wird zusammen mit den dafür notwendigen Ergebnissen des Teilschritts a) im folgenden behandelt.

1.2.1. *Metallische und kovalente Kristalle*

Das Energiebändermodell ergibt sich durch Übertragung der Molekül-Orbital-Theorie auf den Kristall als Riesenmolekül. Werden zu seiner Bildung gedanklich Z gleiche Atome zusammengeführt, so tritt durch den interatomaren *Stark*-Effekt eine *energetische Aufspaltung* jedes atomaren Elektronenzustands (Atom-Orbitals) in Z dem Gesamtkristall zugehörige[1]) Elektronenzustände ein, die ebenso wie die atomaren doppelt besetzbar sind. Wie Abb. 6 zeigt, wächst die Breite der so entstehenden Energiebänder mit abnehmendem Atomabstand zunächst auf Kosten der dazwischenliegenden verbotenen Zonen. Sie ist um so größer, je höher die atomaren Energieterme liegen.

Für die in Abb. 6 gezeigten, mit Valenzelektronen besetzten oder darüberliegenden Terme führt die Auf-

[1]) Das bedeutet für kovalente Gitter, daß ein herausgegriffenes Valenzelektron mit gleicher Wahrscheinlichkeit in jeder Elektronenpaarbindung des Kristalls anzutreffen und in diesem Sinne bereits „delokalisiert" ist. Zusätzlich können delokalisierende Einflüsse auftreten, die eine gleichmäßigere räumliche Verteilung der „Bindungsladung" bewirken, wie das in Abschn. 1.1. bei den Mesomerieerscheinungen diskutiert wurde und ganz allgemein bei der Annäherung an metallisches Verhalten eintritt.

spaltung bei weiterer Atomannäherung dazu, daß sich die Lücke zwischen den Bändern schließt, noch ehe der Gleichgewichtsabstand der Atome im Kristallgitter erreicht ist. Von hier an tritt entweder eine Überlappung beider Bänder auf (Abb. 6a) oder die Bildung einer neuen verbotenen Zone nach einem Durchschneiden der Bänder (Abb. 6b). Bei der in den Metallen auftretenden Überlappung unterbleibt eine Wechselwirkung

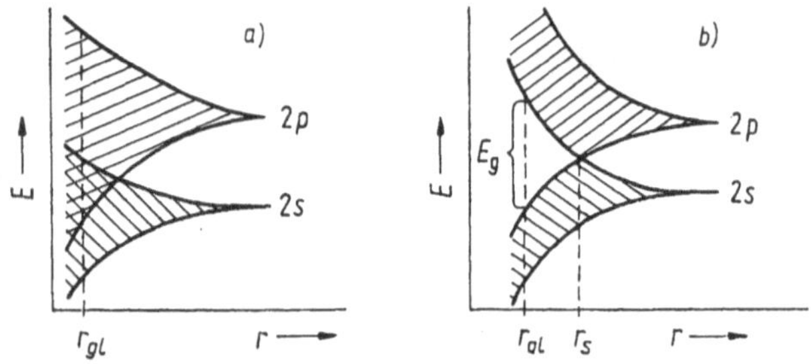

Abb. 6. Abhängigkeit der Termenergien E vom Abstand r nächstbenachbarter Atome für die beiden grundlegenden Fälle bei Elementkristallen (schematisch). E_g – Breite der verbotenen Energiezone beim Gleichgewichtsabstand r_{gl}

a) Überlappung der Bänder bei Li oder Be

b) Durchschneiden der Bänder beim Diamant

von Elektronenzuständen, die aus energetisch verschiedenen Atom-Orbitalen hervorgegangen sind, so daß sie nach wie vor eindeutig ihren Atom-Orbitalen (z. B. vom s- oder p-Typ in Abb. 6a) zugeordnet werden können. Dagegen geht diese Zuordnung beim Durchschneiden der Bänder verloren, nach dem sich die Elektronenzustände völlig neu in bindende des unteren und antibindende des oberen Bandes gruppieren.

Das entspricht der Bildung kovalenter Bindungen unter Hybridisierung, z. B. zu je 4 bindenden und antibindenden sp^3-Zuständen im Falle des Kohlenstoffs (Abb. 6b) und der anderen Elementhalbleiter der 4. Gruppe. Diese besitzen damit beim Gleichgewichtsabstand r_{gl} *im Grundzustand* ein mit 4*Z* Elektronen *vollbesetztes Valenzband, das die bindenden, und ein leeres Leitungsband, das die antibindenden Zustände enthält.* Beide sind durch eine verbotene Zone (gap) der Breite E_g getrennt, die das gemeinsame Merkmal der Halbleiter und Isolatoren darstellt. Dabei liegen Si und Ge mit einem E_g von 1,1 bzw. 0,7 eV im Bereich der typischen Halbleiter, während der Diamant mit $E_g = 5{,}5$ eV im reinen Zustand isolierend ist.[1])

Beim Anlegen eines elektrischen Feldes können die Elektronen in vollbesetzten Bändern (Grundzustand) keine Energie, also auch keinen Zusatzimpuls aufnehmen und somit keine Leitfähigkeit hervorrufen. Erst bei höheren Temperaturen (oder extrem starken Feldern oder Lichtabsorptionsprozessen) können Elektronen bei nicht zu großem E_g aus dem Valenz- ins Leitungsband angeregt werden und Halbleitung bewirken.

Im Diamantgitter wäre bei Atomabständen oberhalb r_s (Abb. 6b) im Grundzustand nicht nur das untere Band mit 2*Z* *s*-Elektronen vollständig, sondern auch das obere Band mit 2*Z* *p*-Elektronen zu 1/3 besetzt, weil die 3 energetisch gleichen *p*-Zustände jedes Atoms nur 2 Valenzelektronen enthalten. In diesem, nicht realisierten Fall müßte also metallische Leitung auftreten, wie bei den Alkali- und Erdalkalimetallen (Abb. 6a) mit ihren teilweise gefüllten Bändern.[2])

---

[1]) Die Grenze für E_g zwischen Halbleitern und Isolatoren liegt bei etwa 3 eV. Das entspricht Lichtquantenenergien für Elektronenanregung aus dem Valenz- ins Leitungsband an der kurzwelligen Grenze des sichtbaren Gebiets, so daß reine Isolatorkristalle im Unterschied zu Halbleitern farblos durchsichtig sind.

[2]) Bei den Erdalkalimetallen tritt dieser Sachverhalt erst infolge der Überlappung ein, da ihre beiden *s*-Valenzelektronen vorher das *s*-Band vollständig besetzen.

1.2.2. Ionenkristalle

Überwiegend ionische Kristalle, die wir am Beispiel einer A^+B^--Verbindung vom NaCl-Typ diskutieren, zeigen im Unterschied zu den kovalenten und metallischen Kristallen nur sehr schmale Energiebänder (Abb. 7),

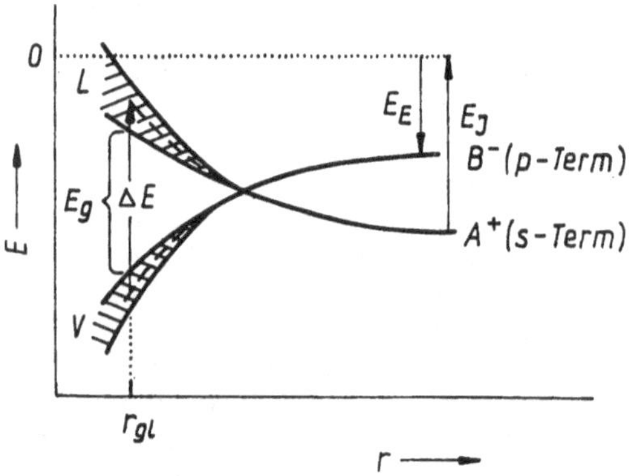

Abb. 7. Abhängigkeit der Termenergien E vom Abstand r nächstbenachbarter Ionen in einem A^+B^--Kristall (schematisch)

da die A^+- und B^--Ionen mit abgeschlossenen Schalen nur sehr geringe quantenmechanische Wechselwirkung aufweisen. Im Grundzustand des Kristalls mit dem Gleichgewichtsabstand r_{gl} befinden sich alle Valenzelektronen bei den B^--Ionen, deren Elektronenzustände das Valenzband (V in Abb. 7) bilden, während das darüberliegende Leitungsband (L) aus den A^+-Elektronenzuständen besteht. Demgegenüber ist die energetische Reihenfolge dieser Zustände bei den isolierten A^+- und B^--Ionen umgekehrt, denn die A-Ionisierungsenergie E_J ist größer als der Betrag der B-Elektronenaffinität E_E (Abb. 7 rechts).

Die Umkehrung folgt aus der starken elektrostatischen Wechselwirkung, die gegenüber den anderen, quantenmechanisch bedingten Energiebeiträgen dominiert und die wir zur Abschätzung mit einem Modell starrer Ionen ausschließlich berücksichtigen. Dann wird bei der Annäherung der Gitterionen, unter denen die entgegengesetzt geladenen nächsten Nachbarn in ihrem Einfluß überwiegen, entsprechend Abb. 7 die Energie der A^+-Terme gegenüber dem isolierten Ion um den elektrostatischen Energiebeitrag

$$E_{\text{elst}}(r) = 1{,}75 \, \frac{e^2}{4\pi\varepsilon_0 r} \tag{1.1}$$

angehoben und die B^--Termenergie um den gleichen Betrag abgesenkt. Hierbei ist 1,75 die Madelung-Konstante des NaCl-Gittertyps, e die Elementarladung, ε_0 die Influenzkonstante und r der Abstand nächstbenachbarter Ionen.

Insgesamt ergibt sich so im Gleichgewicht der in Abb. 7 eingetragene Termabstand $\Delta E = 2E_{\text{elst}}(r_{\text{gl}}) - E_{\text{E}} - E_{\text{J}}$ unter Vernachlässigung der Termaufspaltung, die zu einem etwas kleineren Bandabstand E_g führt. Die Abschätzung liefert die richtige Größenordnung von 10 eV für den Bandabstand der Alkalimetallhalogenide, entsprechend ihrem Isolatorverhalten.[1])

Bei der gedachten Annäherung der Gitterbausteine aus dem Unendlichen verschwindet in Abb. 7 zunächst die Lücke zwischen den erlaubten Energiezuständen wie bei den metallischen und kovalenten Kristallen

---

[1]) In Zusammenhang mit der geringen Breite der Energiebänder (speziell der Valenzbänder) dieser Ionenkristalle treten gegenüber den typischen Halbleitern sehr kleine Ladungsträgerbeweglichkeiten auf, die auf Besonderheiten im Transportmechanismus hindeuten.

Zusätzliche Komplikationen ergeben sich bei überwiegend ionischen Verbindungen der Übergangsmetalle (z. B. $Ni^{2+}O^{2-}$), wo zwischen die p-Bänder der Anionen und die s-Bänder der Kationen (vgl. Abb. 7) schmale, im Kristallfeld aufgespaltene d-Bänder der Kationen eingeschoben sind. Ihr Einfluß auf das Leitfähigkeitsverhalten solcher „Schmalbandhalbleiter" ist noch nicht endgültig geklärt (s. a. Abschn. 2.2.2.1.).

(Abb. 6), um sich nach einem schmalen Überlappungsbereich wieder zu öffnen. Im Unterschied zu Abb. 6b bleibt dabei aber die *eindeutige Zuordnung der Elektronenzustände des Kristalls zu denen seiner Bausteine* (s bzw. p in Abb. 7) erhalten. Diese gehen hier aus dem bei großem Abstand energieärmeren neutralen Zustand (Valenzelektron im A^+-Term) in den geladenen Zustand über.

Die mit den Abb. 6 und 7 vorgestellten Modelle wurden bereits in den 30er Jahren entwickelt und sind vor allem für das qualitative Verständnis der Zusammenhänge zwischen den Grenzfällen der chemischen Bindung und den Energiebändern im Kristall wertvoll. Jedoch ist seither auf dieser anspruchsvollen Basis des Zusammenführens getrennter Gitterbausteine kein weiterer Vorstoß zu quantitativen Aussagen und insbesondere keine Ausdehnung auf die typischen Verbindungshalbleiter mit gemischt ionogen-kovalenter Bindung erfolgt.

Diese besitzen im Vergleich zu den Ionenkristallen breitere Valenz- bzw. Leitungsbänder, die sich den Elektronenzuständen der anionischen bzw. kationischen Gitterbausteine noch zuordnen lassen, aber vor allem wie bei den Elementhalbleitern bindenden bzw. antibindenden Charakter besitzen. — Insgesamt ist ein Verständnis der Verbindungs- von den Elementhalbleitern her besser zu erzielen als von den Ionenkristallen her. Um zu quantitativen Aussagen zu gelangen, sind dabei die Atome von vornherein im Kristallverband zu betrachten, wie das im nächsten Abschnitt geschieht.

1.3. Energiebändermodell und Ionizität der chemischen Bindung

Während wir im Abschn. 1.2. von den Elektronenzuständen der Gitterbausteine ausgegangen sind und damit relativ fest gebundene Elektronen vorausgesetzt haben (Methode starker Bindung, tight-binding method), wird jetzt für die Valenzelektronen der entgegengesetzte *Ausgangspunkt eines freien Elektronengases* gewählt (Methode quasifreier Elektronen, nearly-free-electron method). Dieses wird durch das periodische Gitterpotential der Atomrümpfe ebenso beeinflußt wie von außen eingestrahlte Elektronen bei Beugungsuntersuchungen von Kristallen, was der Veranschaulichung dienlich ist.

Wir beschränken uns weitgehend auf den eindimensionalen Fall und behandeln im Abschn. 1.3.1. eine Kette aus äquidistanten, gleichen Atomen, während im Abschn. 1.3.2. unterschiedliche Distanzen und Atomarten einbezogen werden. Damit wird die Grundlage geschaffen für eine Skizzierung der in den letzten Jahren erfolgreichsten Bindungstheorie der Halbleiterkristalle von *Phillips*. Seine Ionizitätsdefinition wird im Abschn. 1.3.3. in Zusammenhang mit Eigenschaften von Verbindungshalbleitern gebracht, die semiempirisch aus den entsprechenden Eigenschaften von Elementhalbleitern erschlossen werden. Dieses Vorgehen kann wesentliche Materialauswahlkriterien für die Anwendung liefern.

Trotz zahlreicher Vereinfachungen erfordern die Abschn. 1.3.1. und 1.3.2. einen größeren rechnerischen Aufwand in gedrängter Darstellung; sie können von dem nur am Ergebnis interessierten Leser notfalls übersprungen werden.

1.3.1. Freie und quasifreie Elektronen

Bewegen sich Elektronen in x-Richtung bei einer potentiellen Energie $V(x)$, so gilt für ihre Wellenfunktionen $\psi(x)$ und Energiewerte E die *Schrödinger*-Gleichung

$$\frac{\hbar^2}{2m}\frac{\partial^2\psi}{\partial x^2} + (E - V)\,\psi = 0\,. \tag{1.2}$$

($2\pi\hbar = h$ — Wirkungsquant, m — Elektronenmasse.) Für freie Elektronen ergeben sich als Lösungen ebene Wellen

$$\psi = \exp(i\boldsymbol{k}x) \tag{1.3}$$

mit beliebigen Energien

$$E = \frac{\hbar^2}{2m}\boldsymbol{k}^2 \tag{1.4}$$

entsprechend dem parabolischen (gestrichelt ergänzten) Verlauf in Abb. 8. Mit der *de Broglie*-Wellenlänge

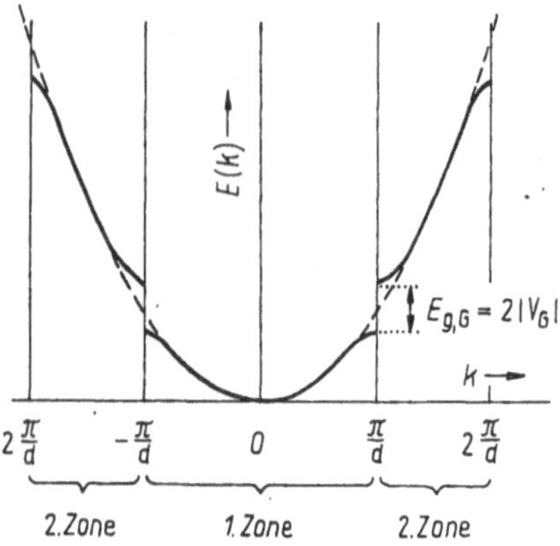

Abb. 8. Elektronenenergie in den ersten beiden *Brillouin*-Zonen des eindimensionalen Kristalls

λ folgt hieraus für den Elektronenimpuls $\boldsymbol{p} = \hbar\,|\boldsymbol{k}| = h/\lambda$. Weiterhin folgt die Bedeutung von

$$|\boldsymbol{k}| = \frac{2\pi}{\lambda} \tag{1.5}$$

als Wellenzahl des Elektrons (entsprechend dem Wellenzahlvektor im Dreidimensionalen).

Für quasifreie Valenzelektronen im Kristall kann das gitterperiodische Potential $(-V/e)$ als Störung berücksichtigt werden, im eindimensionalen Fall durch den Ansatz

$$\psi_k = u_k(x) \exp(ikx) \tag{1.6}$$

anstelle von (1.3). Für die Modulationsfaktoren u_k gilt bei einer „Gitterkonstanten" d (Abb. 9) die *Bloch*sche Periodizitätsforderung

$$u_k(x) = u_k(x + d) \tag{1.7}$$

entsprechend $V(x) = V(x + d)$.

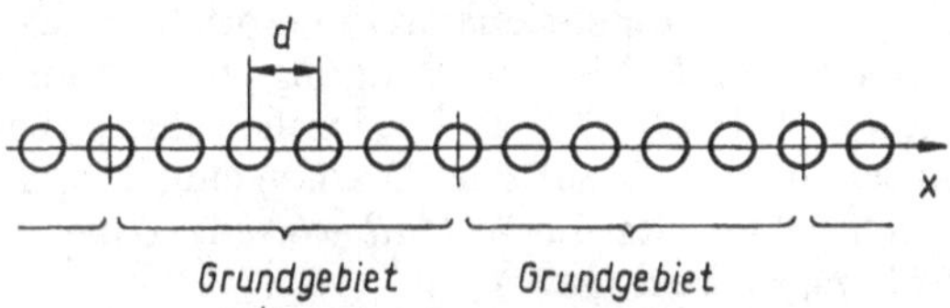

Abb. 9. Grundgebiete aus $N_z = 5$ Elementarzellen oder Atomen des Abstands d im eindimensionalen Kristall

Die strenge Periodizität bedeutet unendliche Ausdehnung des Gitters, das aber zur rechnerischen Behandlung gemäß Abb. 9 in endliche, identische „Grundgebiete" aus einer großen Anzahl von N_z Elementarzellen zerlegt wird. An den Grenzen der Grundgebiete, die man sich im Eindimensionalen auch zyklisch geschlossen denken kann, muß eine Elektronenwelle jeweils die gleiche Phase haben, damit stationäre Energiezustände des Kristalls möglich werden. Das bedeutet $\psi_k(0) = \psi_k(N_z d)$ und mit (1.7) $1 = \exp(i\boldsymbol{k}N_z d)$, also $\boldsymbol{k}N_z d = 2\pi\nu$ oder

$$\boldsymbol{k} = \frac{2\pi}{N_z d}\,\nu, \quad \nu = 0, \pm 1, \pm 2, \ldots \tag{1.8}$$

Somit tritt eine Quantelung des Quasiimpulses $\hbar\,|\boldsymbol{k}|$ und der Energiezustände des Elektrons ein.

Eine weitere, entscheidende Wirkung des Gitters ist die *Beugung von Elektronenwellen* der Wellenlänge

$$\lambda = 2d/n_B \text{ mit der Ordnung } n_B = 1, 2, \ldots$$

Dies folgt aus der *Bragg*-Bedingung $n_B\lambda = 2d \sin \vartheta$ mit dem Einfallswinkel $\vartheta = 90°$ für unsere Atomkette (die wir uns durch Netzebenen des Abstands d senkrecht zur Einfallsrichtung x in Abb. 9 dreidimensional ergänzt denken können). Mit Gl. (1.5) folgt für den Beugungsfall

$$2\boldsymbol{k} = \pm n_B \frac{2\pi}{d} = G. \tag{1.9}$$

(Dies ist die *Laue*-Bedingung, wobei $\boldsymbol{G}$ dem reziproken Gittervektor im Dreidimensionalen entspricht.) Der Variationsbereich von $\boldsymbol{k}$ bis zur Beugung 1. Ordnung bei $\boldsymbol{k} = \pm\pi/d$ wird als 1. *Brillouin*sche Zone bezeichnet und ist in Abb. 8 auf der Abszisse eingetragen. Es schließt sich beiderseits die 2. *Brillouin*sche Zone bis $\boldsymbol{k} = \pm 2\pi/d$ für $n_B = 2$ an (usw.).

Auf die erste (und jede weitere) Zone entfallen nach Gl. (1.8), entsprechend einem ν-Intervall von $-N_z/2$ bis $+N_z/2$, insgesamt N_z verschiedene $\boldsymbol{k}$-Werte oder Elektronenzustände, also gerade 1 Elektronenzustand pro Elementarzelle bzw. Atom[1]). Einer vollbesetzten Zone entsprechend somit 2 Elektronen pro Elementarzelle, und wir wollen für Abb. 8 annehmen, daß alle Valenzelektronen bereits in der 1. Zone untergebracht werden können.

Die Beugung hat fundamentale Auswirkungen auf die Elektronenenergien, die wir nun im Anschluß an die Quantelung und Einteilung der Wellenzahlen diskutieren wollen, ohne die Berechnung im Einzelnen durchzuführen. Ausgangspunkt ist die Störung der Elektronenwellen durch das gitterperiodische Potential, die gering bleibt, solange die Wellenlänge groß ist gegenüber der Gitterperiode d bzw. allgemein, solange wir genügend

---

[1]) Dies gilt unabhängig von der willkürlichen Größe des Grundgebiets, das in derartigen, physikalisch relevanten Aussagen gar nicht mehr vorkommt. Lediglich die Dichte der Zustände auf der Energieskala, die für makroskopische Kristalle ohnehin als quasikontinuierlich zu betrachten ist, steigt mit N_z.

weit vom Beugungsfall entfernt sind. Dann kann $V(x)$ durch seinen Mittelwert ersetzt werden, der lediglich zu den Energien freier Elektronen mit ihrem parabolischen $E(k)$-Verlauf (1.4) hinzukommt. Bei entsprechender Nullpunktverschiebung fallen daher die Kurven für freie und quasifreie Elektronen (abgesehen von deren Energiequantelung) in Abb. 8 für hinreichende Entfernung von Zonengrenzen zusammen.

Bei Annäherung an diese Grenzen macht sich der Wechselanteil von $V(x)$ in zunehmendem Maße durch Abweichungen vom parabolischen $E(\boldsymbol{k})$-Verlauf bemerkbar. Schließlich treten an der Zonengrenze selbst die einfallende und die abgebeugte Welle mit Energiewerten auf, die ohne Berücksichtigung der Störung durch $V(x)$ wegen ihrer gleichen Wellenlänge nach (1.4) zusammenfallen würden. Die Störung führt *zur Aufspaltung in zwei verschiedene Energiewerte, die durch einen verbotenen Energiebereich* $E_{g,G}$ *getrennt* sind (Abb. 8). Dieser stellt mit $\boldsymbol{G} = \pm n_{\mathrm{B}} 2\pi/d$ bei einem Bedarf von n_{B} *Brillouin*schen Zonen zur Unterbringung aller Valenzelektronen den *Bandabstand zwischen Valenz- und Leitungsband* im eindimensionalen Fall dar.

Der Wert von $E_{g,G}$ ergibt sich aus einer Störungsrechnung, für welche die potentielle Energie als *Fourier*-Reihe verwendet wird, durch die sie sich (wie alle gitterperiodischen Größen) darstellen läßt:

$$V(x) = \sum_{G} V_G \exp i\boldsymbol{G}x \tag{1.10}$$

mit den *Fourier*-Koeffizienten

$$V_G = \frac{1}{d} \int_{-d/2}^{d/2} V(x) \exp(-i\boldsymbol{G}x)\,\mathrm{d}x \tag{1.11}$$

die auch als Atomformfaktoren bezeichnet werden, weil

über den zu einem Atom gehörigen Potentialverlauf integriert wird.[1])

Wir erwarten, daß die Energieaufspaltung $E_{g,G}$ mit dem Ausmaß der Störung durch den Wechselanteil der Potentials und daher mit dem Betrag der (negativen und in komplizierteren Fällen komplexen) *Fourier*-Koeffizienten V_G wächst. Quantitativ ergibt sich nach längerer Rechnung

$$E_{g,G} = 2\,|V_G|\,, \tag{1.12}$$

wobei im Falle der Abb. 8 mit $n_B = 1$ in (1.9) $\boldsymbol{G} = \pm 2\pi/d$ wird. Der Bandabstand ist somit durch den doppelten Betrag des zugehörigen *Fourier*-Koeffizienten gegeben. Dieses einfache Resultat wird als Ausgangsbasis für den nächsten Abschnitt benötigt.

Wir verzichten auf eine Behandlung der $E(\boldsymbol{k})$-Abhängigkeit, d. h. der „Bandstruktur", im dreidimensionalen Fall, wo sich beispielsweise die Möglichkeit der Bänderüberlappung ergibt und Aussagen über die optischen Halbleitereigenschaften sowie über den Ladungsträgertransport resultieren.

1.3.2. Kovalenter und ionischer Beitrag zum Bandabstand

Um den Einfluß eines Ionenbindungsanteils zu erfassen, werden zwei Atomarten betrachtet, die wir gemäß Abb. 10a mit alternierendem Abstand linear anordnen entsprechend der [111]-Richtung im Zinkblendegitter. (Gegenüber der Elementarzelle in Abb. 2 ist der Ursprung um $\tau = 1/8d = 1/8$ Raumdiagonale

---

[1]) Die V_G-Werte müssen für die Störungsrechnung mit wachsendem $|G|$ rasch gegen Null abfallen, wofür aber der Wechselanteil des Potentials zu groß ist. An seiner Stelle wird deshalb als Kunstgriff ein „glatteres" Pseudopotential verwendet, das durch rechnerische Eliminierung der für das Bändermodell ohnehin nicht interessierenden Rumpfelektronenzustände entsteht und für das Verhalten der Valenzelektronen maßgebend ist.

verschoben.) Nachträglich werden wir zu identischen Atomen, wie im kovalenten Diamantgitter, übergehen und damit auch eine realistischere Situation für Element-Halbleiter treffen als mit der äquidistanten Atomkette des vorigen Abschnitts.

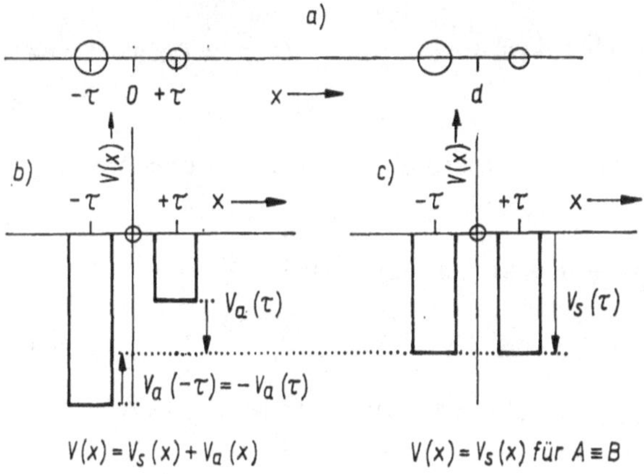

Abb. 10. a) Gittergerade in einer AB-Verbindung mit der Identitätsperiode d Klein: A-Atome. Groß: B-Atome.
b) Zugehöriger Verlauf der potentiellen Elektronenenergie $V(x)$, schematisch
c) $V(x)$ für Elementhalbleiter

Die in den Abb. 10b und c stark schematisierten Verläufe der potentiellen Energie lassen sich aus atomaren Beiträgen $v_A(x - \tau)$ und $v_B(x + \tau)$ mit Potentialmulden der Tiefe $v_A(0)$ und $v_B(0)$ zusammensetzen:

$$V(x) = v_A(x - \tau) + v_B(x + \tau). \qquad (1.13)$$

(Zur Verfeinerung wären die Beiträge entfernterer Atome zu addieren ohne prinzipielle Änderung des Endresultats.)

Damit werden die *Fourier*-Koeffizienten in (1.10) nach (1.11):

$$V_G = \frac{1}{d}\int_{-d/2}^{d/2} v_A(x-\tau)\exp(-i\boldsymbol{G}x)\,dx + \frac{1}{d}\int_{-d/2}^{d/2} v_B(x+\tau)$$
$$\times \exp(-i\boldsymbol{G}x)\,dx = \frac{1}{2}v_{GA}\exp(-i\boldsymbol{G}\tau) + \frac{1}{2}v_{GB}\exp(+i\boldsymbol{G}\tau) \tag{1.14}$$

mit den Atomformfaktoren der beiden Atomarten

$$v_{GA} = \frac{2}{d}\int_{-d/2-\tau}^{d/2-\tau} v_A(x-\tau)\exp(-i\boldsymbol{G}(x-\tau))\,d(x-\tau),$$
$$v_{GB} = \frac{2}{d}\int_{-d/2+\tau}^{d/2+\tau} v_B(x+\tau)\exp(-i\boldsymbol{G}(x+\tau))\,d(x+\tau). \tag{1.15}$$

Sie enthalten die „atomeigenen“ Koordinaten $x - \tau$ bzw. $x + \tau$ und gegenüber (1.11) einen Faktor 2 entsprechend 2 Atomen pro Elementarzelle oder Periodizitätsintervall d. Diese atomaren Beiträge gehen in die resultierenden *Fourier*-Koeffizienten (1.14) mit Exponentialfaktoren ein, die Phasenverschiebungen um $\boldsymbol{G}\tau = \pm n_B (2\pi/d)\,\tau$ gegenüber dem Beitrag eines bei $x = 0$ gedachten Atoms entsprechen und die phasenrichtige Überlagerung gewährleisten.

Mit $\exp \pm i\boldsymbol{G}\tau = \cos \boldsymbol{G}\tau \pm i \sin \boldsymbol{G}\tau$ wird

$$V_G = \frac{v_{GB} + v_{GA}}{2}\cos \boldsymbol{G}\tau + \frac{v_{GB} - v_{AG}}{2}\, i \sin \boldsymbol{G}\tau. \tag{1.16}$$

Zweckmäßigerweise definiert man die (bezüglich der Vertauschung beider Atomformfaktoren) symmetrischen bzw. antisymmetrischen Formfaktoren

$$v_{Gs} = \frac{v_{GB} + v_{GA}}{2}, \quad v_{Ga} = \frac{v_{GB} - v_{GA}}{2}. \tag{1.17}$$

Mit (1.12) gilt nun für den Bandabstand $E_{g,G}$:

$$E_{g,G}^2 = 4V_G V_G^* = 4v_{Gs}^2 \cos^2 G\tau + 4v_{Ga} \sin^2 G\tau. \tag{1.18}$$

Der zweite Summand verschwindet beim Übergang zum homöopolaren Elementhalbleiter[1]) vom Diamanttyp mit $v_{GA} = v_{GB}$. Dann gilt für den Bandabstand

$$E_{h,G} = 2v_{Gs} \cos G\tau. \tag{1.19}$$

Im Verbindungshalbleiter ist dieser Anteil nach *Phillips* als kovalenter oder *homöopolarer Beitrag zum Bandabstand* aufzufassen, während der *ionische* oder *heteropolare Beitrag* durch

$$C_G = 2v_{Ga} \sin G\tau \tag{1.20}$$

gegeben ist[2]) in

$$E_{g,G}^2 = E_{h,G}^2 + C_G^2. \tag{1.21}$$

Ehe wir dies auf den dreidimensionalen Kristall übertragen, sollen die entsprechenden symmetrischen und antisymmetrischen Potentialanteile anhand der Abb. 10b und 10c veranschaulicht werden. Aus (1.12) wird

$$V(x) = V_s(x) + V_a(x) \tag{1.22}$$

mit den Definitionen
$V_s(x) = v_s(x + \tau) + v_s(x - \tau)$ für den symmetrischen und
$V_a(x) = v_a(x + \tau) - v_a(x - \tau)$ für den antisymmetrischen

---

[1]) Der Übergang auf den äquidistanten Fall des Bildes 9 erfolgt mit $\tau = d$, also $\cos(G\tau) = \cos(\pm n_B 2\pi) = 1$, wobei aber jeweils 2 Atome aufeinanderfallen würden. Dem entspricht der Faktor 2 in (1.15) für $V_G = v_{GA} = v_{GB}$ im Unterschied zu (1.11).

[2]) C für charge transfer, d. h. Ladungsübertragung zwischen anionischem und kationischem Gitterbestandteil, vgl. Abschn. 1.2.2.

potentiellen Energieanteil, wobei v_s und v_a analog zu (1.17) aus den atomaren Beiträgen v_A und v_B zusammengesetzt sind. $V_a(x)$ verschwindet ebenso wie C_G in (1.21) für den Elementhalbleiter mit der „Potentialtopftiefe" $V_s(\tau)$ in Abb. 10c. Für den Verbindungshalbleiter in Abb. 10b ist die A- bzw. B-Potentialtopftiefe um $V_a(\tau)$ geringer bzw. höher als die mittlere Tiefe $V_s(\tau)$, die dem Beitrag $E_{h,G}$ in (1.21) entspricht.

Der in den Abb. 10b und c angenommene Fall *gleicher symmetrischer Potentialbeiträge* bei gleichen Gitterabständen ist weitgehend realisiert *bei isoelektronischen Substanzpaaren* wie GaAs und Ge oder AlP und Si, deren Komponenten jeweils aus der gleichen Periode des Periodensystems stammen. Hier bedingt der zusätzliche antisymmetrische Potentialbeitrag bei der $A^{III}B^{V}$-Verbindung gegenüber dem Elementhalbleiter eine größere Störung der Elektronenwellen und damit den zusätzlichen Beitrag C_G zur Energieaufspaltung $E_{g,G}$ im eindimensionalen Fall, dem ein Zuwachs im experimentell beobachteten Bandabstand E_g entspricht (s. a. Abschn. 1.3.3. zu Abb. 12).

Um die Bindungsverhältnisse im realen, dreidimensionalen Kristall quantitativ zu erfassen, muß zur Übertragung des Ansatzes (1.21) eine geeignete Mittelung über die Energiebänder unter Berücksichtigung verschieden gerichteter $\boldsymbol{G}$-Vektoren vorgenommen werden, für die aber die Bändertheorie gegenwärtig keine Vorschrift zu liefern vermag. *Phillips* verwendet daher in seiner semiempirischen „Dielektrizitätstheorie der Kristallbindung" einen mittleren Bandabstand $\bar{E}_g$, der aus der elektronischen Dielektrizitätskonstanten, also dem Quadrat des optischen Brechungsindex, durch Extrapolation auf unendliche Wellenlänge resultiert. Dieses spektroskopisch bestimmte ε_∞ enthält die integrierte Information über die optischen Übergänge zwischen den Energiezuständen des Valenz- und Leitungsbandes, wobei eine Mittelung über deren Abstand erfolgt. Aus der aufwendigen theoretischen Behandlung ergibt sich für einen isotropen Modellkristall

$$\varepsilon_\infty = 1 + \frac{h^2 e^2 n_v}{\pi m \bar{E}_g^2} \tag{1.23}$$

(unter Weglassung eines Korrekturfaktors der Größenordnung 1). Dementsprechend ändert sich plausiblerweise der Bandabstand gegensinnig zu der mit ε_∞ wachsenden elektronischen Polarisierbarkeit des Kristalls. h ist das Wirkungsquant, e die Elementarladung, m die Elektronenmasse und n_v für Kristalle ohne d-Elektronen die Valenzelektronendichte, also für das Diamant- und Zinkblendegitter 32 Elektronen pro kubisches Elementarzellenvolumen (Abb. 2). d-Elektronen in den Atomrümpfen sind zusätzlich zu berücksichtigen (z. B. in Ge durch einen Faktor 1,25).

Das so ermittelte $\bar{E}_g$ ist als Energiedifferenz zwischen den bindenden und den antibindenden Elektronenzuständen aufzufassen, die das Valenz- und das Leitungsband bilden (vgl. Abschn. 1.2.1.). Die dabei auftretende energetische Aufspaltung erfordert die Mittelung und bedingt, daß $\bar{E}_g$ erheblich größer ist als der Abstand E_g zwischen Leitungsbandunterkante und Valenzbandoberkante (Abb. 6b), der experimentell als „thermischer" Bandabstand[1]) zugänglich ist. Für unsere späteren Trendbetrachtungen ist allein wesentlich, daß sich $\bar{E}_g$ und E_g von Substanz zu Substanz gleichsinnig ändern.

Beispielsweise gilt

für Diamant $E_g = 5{,}5$ eV und $\bar{E}_g = 13{,}5$ eV,
für Si $E_g = 1{,}1$ eV und $\bar{E}_g = 4{,}8$ eV.

Die beiden $\bar{E}_g$-Werte werden zur Gewinnung eines allgemeingültigen Zusammenhangs mit dem Gitterabstand

[1]) Theoretisch ist E_g aus der Bandstruktur unter Berücksichtigung der Anisotropie des $E(\boldsymbol{k})$-Verlaufs als minimaler Bandabstand zu berechnen, hängt aber nicht so unmittelbar mit dem chemischen Bindungscharakter zusammen wie $\bar{E}_g$. – Die Bandstruktur tetraedrischer Verbindungen ist aus derjenigen der Elemente u. a. mit der Dielektrizitätstheorie zugänglich.

r_{gl} benutzt, von dem $\bar{E}_g$ bei Elementen allein abhängt. Mit dem experimentellen ε_∞ ergibt sich aus (1.23)

$$\bar{E}_g = \left(\frac{r_{gl,Si}}{r_{gl}}\right)^{2,5} \cdot 4{,}8\,\text{eV}. \tag{1.24}$$

(Hieraus folgt auch die oben erwähnte d-Elektronenkorrektur für Ge.)

Für Verbindungen wird nun in Analogie zu (1.21)

$$\bar{E}_g^2 = E_h^2 + C^2 \tag{1.25}$$

gesetzt. Diese zentrale Gleichung der dielektrischen Bindungstheorie teilt also $\bar{E}_g$ auf in den *homöopolaren Beitrag* E_h, der auch im Dreidimensionalen *dem symmetrischen Potentialanteil zugeordnet* ist, und den *ionischen Beitrag C als Folge des antisymmetrischen Potentialanteils*. Dabei resultiert die „pythagoräische" Form dieser Gleichung aus der Zusammensetzung beider Potentialanteile in ihrer Wirkung auf die Elektronenbeugung, die entsprechend der komplexen Form von (1.16) mit einer Phasenverschiebung von 90° erfolgt. Dieser Gleichung entspricht $\bar{E}_g^2 = (E_h + iC)\,(E_h - iC)$.

Für die *homöopolare Energie* E_h in tetraedrischen Verbindungen ist nun *die gleiche Abhängigkeit vom Gitterabstand* r_{gl} anzunehmen wie für $\bar{E}_g = E_h$ in den tetraedrischen Elementen, so daß die rechte Seite von (1.24) für das E_h der Verbindungen übernommen werden kann. Mit dem experimentellen ε_∞ und r_{gl} (zur Berechnung von n_v) ist weiterhin aus (1.23) $\bar{E}_g$ und damit aus (1.25) auch die ionische Energie C für jede tetraedrische AB-Verbindung aus nur zwei experimentellen Parametern zugänglich. Die so (oder ähnlich) ermittelten Energiewerte liegen der folgenden Diskussion zugrunde, wobei auch eine Übertragung auf Verbindungen vom NaCl-Gittertyp möglich ist.

1.3.3. *Ionizität und Halbleitereigenschaften*

Von einer Definition der Ionizität oder des Ionenanteils der chemischen Bindung f_i ist $0 \leqq f_i \leqq 1$ zu verlangen, wobei $f_i = 1$ im (nicht realisierten) Grenzfall einer verschwindenden homöopolaren Energie E_h eintreten muß und $f_i = 0$ für Elemente, d. h. ohne ionische Energie C, gilt. Auf der Basis des vorigen Abschnitts ergibt sich somit auf natürliche Weise die „spektroskopische" Definition der Ionizität von *Phillips*

$$f_i = \frac{C^2}{E_h^2 + C^2}. \tag{1.26}$$

Der homöopolare Bindungsanteil ist dann $1 - f_i = E_h^2/(E_h^2 + C^2) = E_h^2/\bar{E}_g^2$. Bei der Auftragung von C gegen E_h in Abb. 11 beträgt der Abstand der Substanzpunkte vom Ursprung $\bar{E}_g = (E_h^2 + C^2)^{1/2}$, und es ist

$$f_i = \sin^2 \varphi. \tag{1.27}$$

Als eine Auswahl aus den zahlreichen Halbleitereigenschaften, die mit der Ionizität in Zusammenhang stehen, diskutieren wir im folgenden

- die Kristallstruktur,
- Trends des Bandabstandes im Periodensystem sowie
- effektive Ionenladungen

bei $A^N B^{VIII-N}$-Verbindungen.

Für diese Substanzklasse ist die grundlegende Frage der Kristallchemie nach der Ursache des Auftretens bestimmter Strukturtypen für gegebene Substanzen seit Jahrzehnten diskutiert worden. Erst durch die spektroskopisch definierte Ionizität gelang eine ausnahmslose Abgrenzung der Fälle mit 4facher Koordination (Abb. 2 und 3) von denjenigen mit der 6fachen Koordination des Steinsalzgitters und zwar bei dem Wert $f_i = 0{,}785$. Dies ist in Abb. 11 für eine Auswahl aus den rund 70

$A^N B^{VIII-N}$-Kristallen gezeigt. Bei geringerer Ionizität dominiert der gerichtete Charakter der kovalenten sp^3-Hybridbindungen und führt zur tetraedrischen Koordination mit ihrer geringen Packungsdichte gegenüber dem Steinsalz-Typ mit seiner ungerichteten, überwiegend onischen Bindung.

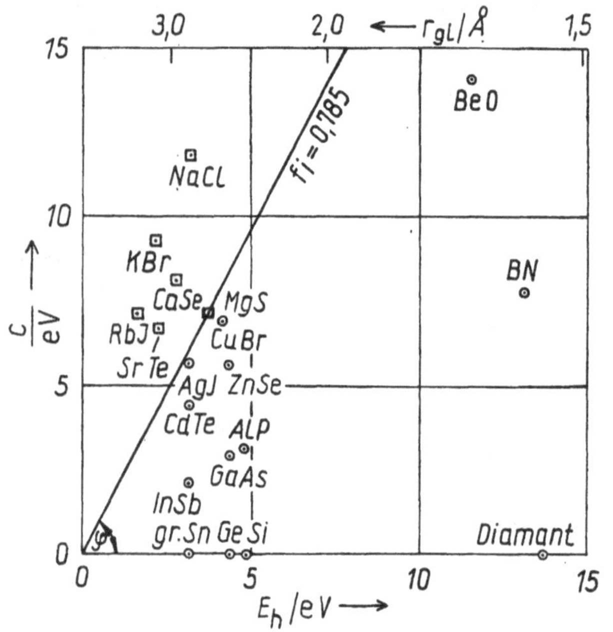

Abb. 11. Ionische Energie C in Abhängigkeit von der homöopolaren Energie E_h bzw. dem Gitterabstand nächster Nachbarn r_{gl} für isoelektronische Substanzreihen. Die der Ionizität $\sin^2 \varphi = 0{,}785$ entsprechende Gerade trennt Substanzen mit Zinkblende- oder Wurtzitgitter (dargestellt durch Kreise) von solchen mit Steinsalzgitter (dargestellt durch Quadrate). MgS ist dimorph

Die Tendenz von überwiegend 6facher Koordination bei den $A^I B^{VII}$-Verbindungen zu überwiegend 4facher Koordination bei den $A^{III} B^V$-Verbindungen mit intermediärer Stellung der $A^{II}B^{VI}$-Verbindungen ergab sich zwar qualitativ bereits mit der älteren Ionizitätsskala von *Pauling*. Seine Ionizität ist aber allein durch die *Elektronegativitätsdifferenz* bestimmt, der in der neuen Theorie die *ionische Energie C* entspricht. Eine Strukturauswahl nach diesem Kriterium bedeutet eine horizontale Grenzziehung in Abb. 11, die offensichtlich nicht ohne eine Reihe von Ausnahmen möglich ist.

Das Entscheidende an der neuen Ionizitätsdefinition ist die gleichberechtigte Einbeziehung der homöopolaren Energie E_h neben der ionischen Energie C in (1.26). Die auf dieser Basis erzielten Fortschritte werden allerdings erkauft durch einen weitgehenden Verzicht auf die z. B. bei *Pauling* bestehende Möglichkeit, den Elementen Einzelwerte der Elektronegativität zuzuordnen, die näherungsweise unabhängig vom jeweiligen Bindungspartner sind.

Zusammen mit den ionischen und homöopolaren Bindungsanteilen erfaßt die *Phillips*sche Theorie implizit auch den *metallischen Bindungscharakter*. Er nimmt allgemein im Periodensystem von oben nach unten, also mit der Ausdehnung der Elektronenhüllen und dem Gleichgewichtsabstand r_{gl} zwischen Atomen gegebener Gruppennummern N und VIII-N zu. Dieser Trend wird durch die Änderung des mittleren Bandabstands $\bar{E}_g$ für Elemente, bzw. seines Anteils E_h für Verbindungen, mit $r_{gl}^{-2,5}$ nach (1.24) erfaßt. Bei den tetraedrisch koordinierten Substanzen ist damit eine Abnahme der sp^3-Hybridisierung und eine zunehmende Tendenz zur energetischen Überlappung bindender Valenz- mit antibindenden Leitungsbandzuständen verbunden (vgl. Abschn. 1.2.1.).

Der Abnahme von $\bar{E}_g$ entspricht in Abb. 12 die Abnahme des minimalen Bandabstands E_g mit zunehmendem r_{gl} innerhalb der durch Linienzüge verbundenen homologen Substanzreihen, für die die Ionizität näherungsweise konstant ist (entsprechend der Lage auf einer gemeinsamen Geraden durch den Ursprung in Abb. 11).

In der IV. Gruppe kommt es beim tetraedrisch koordinierten grauen Sn zur Berührung von Valenz- und Leitungsband[1]), weshalb es als Halbmetall bezeichnet wird. Das weiße Sn ist ebenso wie das homologe Pb ein Metall.

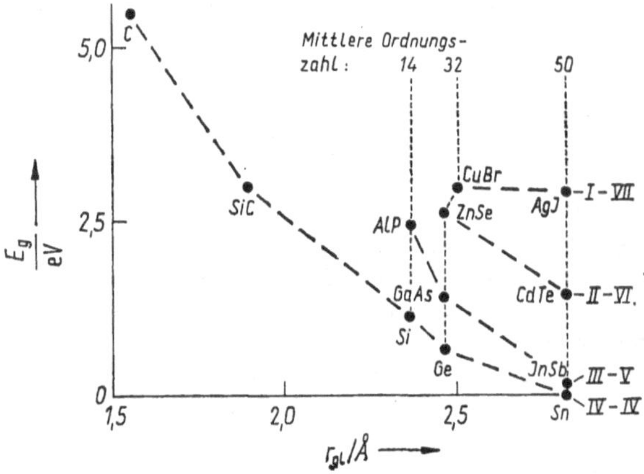

Abb. 12. Experimenteller Bandabstand E_g für tetraedrisch koordinierte Substanzen in Abhängigkeit vom Gitterabstand nächster Nachbarn r_{gl}

Ein zweiter, grundlegender *Trend des Bandabstands* besteht in seiner *Zunahme mit der Ionizität innerhalb isoelektronischer Substanzreihen* (z. B. Ge, GaAs, ZnSe, CuBr), die bei tetraedrischer Koordination wegen des annähernd konstanten Gitterabstands in den Abb. 11 und 12 praktisch senkrecht verlaufen. Wie als Ursache unmittelbar einleuchtet, wächst mit f_i der Tiefenunterschied zwischen den Potentialmulden von kationischem

[1]) Auf diesen Fall sowie auf geringe Überlappung beider Bänder, wie beim kristallinen As, Sb und Bi, wird in der neueren Literatur der Begriff „Halbmetall" beschränkt, während früher die Halbleiter mit in diesen Begriff einbezogen wurden. Wir haben ihn deshalb bisher vermieden und rechnen die Halbleiter mit unter die Nichtmetalle.

und anionischem Gitterbestandteil (vgl. Abschn. 1.3.2. zu Abb. 10), so daß auch C bei praktisch konstantem E_h zunimmt.

Aus der Ionizität sollen abschließend summarische Aussagen über die Ladungsverteilung im Kristall gewonnen werden. Für jedes der 8 Valenzelektronen einer Formeleinheit $A^N B^{VIII-N}$ beträgt die Aufenthaltswahrscheinlichkeit am A-Atom $(1 - f_i)/2$ bzw. am B-Atom $(1 + f_i)/2$, also 0 bzw. 1 bei rein heteropolarer und je 1/2 bei homöopolarer Bindung. Da das A-Atom im neutralen Zustand N Valenzelektronen besitzt, ist seine effektive Ladungszahl

$$z_A = N - 8\,\frac{1 - f_i}{2} = -z_B = z. \qquad (1.28)$$

Die „statischen effektiven Ladungen" $z_A e$ und $z_B e$ ergeben sich dabei ohne eine geometrische Grenzziehung zwischen den Atomen, wie sie etwa bei der röntgenographischen Ermittlung aus Elektronendichteverteilungen erforderlich, aber nicht willkürfrei möglich ist. Das resultiert vor allem aus der erhöhten Valenzelelektronendichte zwischen den Bindungspartnern, der sog. Bindungsladung, die dem kovalenten Bindungsanteil entspricht. Sie macht allerdings den Versuch prinzipiell problematisch, die Ladungsumverteilung bei der Kristallbildung durch effektive Ladungen der Gitterbausteine zu beschreiben. Trotzdem werden diese anschaulichen Größen häufig benutzt.

Die Definition (1.28) berücksichtigt, daß infolge der $4-N$ dativen Bindungen pro Formeleinheit bereits im homöopolaren Fall eine Ladung auftreten würde, die in Spalte 2 der Tab. 1 angegeben ist. Zwischen diesen und den rein heteropolaren Werten (letzte Spalte) liegt die effektive Ladung. Sie verschwindet für den bei AlSb mit $f_i = 0{,}250$ realisierten Fall der „neutralen Bindung", der nach (1.28) allgemein bei $(f_i)_{z=0} = 3/4$, 2/4 bzw. 1/4 für $N = 1, 2,$ bzw. 3 auftritt. In der Mehrzahl der Fälle, einschließlich der typischen Halbleiter, ist $z > 0$ im Sinne eines Ladungsüberganges vom A-Atom zum elektronegativen B-Atom.[1]) Das Umgekehrte tritt ein bei tetraedrischen Verbindungen aus relativ kleinen A-Atomen wie Bor, Beryllium und Kupfer mit den größeren und stärker polarisierbaren B-Atomen.

Tabelle 1

Ladungszahl z in der Formel $A^{+z}B^{-z}$ für $A^N B^{VIII-N}$-Verbindungen der Ionizität f_i

	z für $f_i = 0$	Effektives z (mit zugehörigem f_i)	$z = N$ für $f_i = 1$
$A^I B^{VII}$	−3	−0,2···+0,8 (f_i = 0,69···0,96)	+1
$A^{II} B^{VI}$	−2	−1,3···+1,7 (f_i = 0,17···0,93)	+2
$A^{III} B^V$	−1	−0,99···+1,3 (f_i = 0,002···0,58)	+3
$A^{IV} B^{IV}$	0	+0,8 (f_i = 0,2) SiC	+4

Diese Aussagen über die Ladungsverteilung des Grundgitters sind auch für die Aufladung von Störstellen im Kristall von Bedeutung, denen wir uns nun zuwenden.

2. Fehlordnungsreaktionen in Kristallen

In diesem Kapitel stellen wir die allgemeinen Grundlagen der „Fehlordnungschemie“ bereit, die dann in 3. und 4. unter Einbeziehung der Transporterscheinungen auf konkrete Elemente und Verbindungen angewandt werden. Die zu behandelnden Prozesse sind — erwünscht

[1]) Bei überwiegend ionischer Bindung resultieren nach anderen Methoden verläßlichere Zahlenwerte für z als nach der auf überwiegend homöopolare Bindung zugeschnittenen Dielektrizitätstheorie.

oder unerwünscht — von großer technologischer Bedeutung für die *reproduzierbare, stabile und steuerbare Einstellung der elektronischen Eigenschaften* von Kristallen bzw. spezifisch zueinander angeordneten Kristallbereichen in Halbleiterbauelementen und integrierten Schaltkreisen. Das Schwergewicht unserer Betrachtungen liegt dabei auf den Elementarprozessen und ihrem Zusammenwirken in einfachen Modellfällen und Realbeispielen. Im Anschluß an die Fehlordnungssystematik des Abschn. 2.1. werden in den Abschn. 2.2., 2.3., 2.5. sowie 2.8. elektronische Prozesse und in den dazwischen liegenden Abschnitten atomare sowie kombinierte Prozesse behandelt.

2.1. *Übersicht über die Gitterfehler*

Abbildung 13 enthält die wichtigsten Arten der Abweichungen vom streng periodischen Kristallaufbau. Nach der Anzahl der Dimensionen, in denen sie wesentlich größere als nur atomare Ausdehnung aufweisen, können 2-, 1- und 0-dimensionale Fehler unterschieden werden.

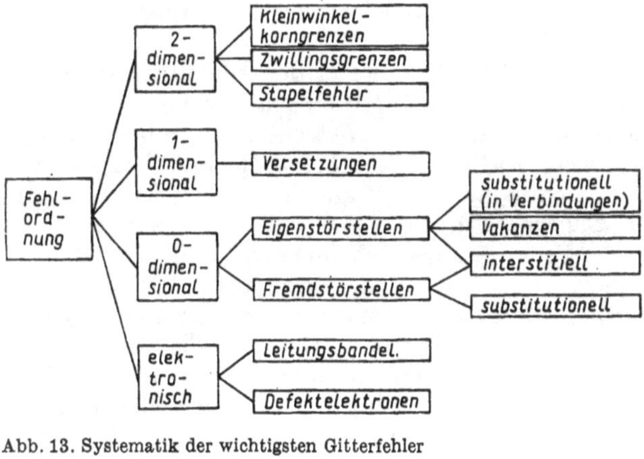

Abb. 13. Systematik der wichtigsten Gitterfehler

Die elektronische Fehlordnung, die die Halbleitung bewirkt, ist wegen ihrer weitgehenden Delokalisierung nicht in dieser Weise geometrisch zu charakterisieren. Man spricht hier von beweglichen elektronischen Ladungsträgern oder kurz von Ladungsträgern. Die Leitungsbandelektronen mit dem Symbol e', der Volumenkonzentration n und der Beweglichkeit u_e liefern den Beitrag eu_en zur spezifischen Leitfähigkeit (e ist die Elementarladung). Für den Leitfähigkeitsbeitrag des Valenzbandes werden Defektelektronen verantwortlich gemacht, die als positiv geladene Löcher (holes) das Symbol h˙ erhalten. Mit ihrer Volumenkonzentration p und ihrer Beweglichkeit u_h wird die spezifische elektronische Leitfähigkeit

$$\varkappa = e(u_e n + u_h p). \tag{2.1}$$

Durch das Defektelektronenkonzept wird eine symmetrische Beschreibung der Leitfähigkeitsbeiträge von Leitungs- und Valenzband erreicht mit so kleinen Konzentrationen von Ladungsträgern, daß diese als „Fehler in fast fehlerfreien Kristallen" betrachtet werden können. Kleine Konzentrationen bedeuten für alle Gitterfehler eine wesentliche Vereinfachung der theoretischen Behandlung und können in Halbleitern meist vorausgesetzt werden.

Hauptsächlicher Gegenstand der Fehlordnungschemie sind die 0-*dimensionale atomare und* die mit ihr zusammenwirkende *elektronische Fehlordnung*, wobei das *unvermeidliche Auftreten im thermodynamischen Gleichgewicht* den Ausgangspunkt aller weiteren Betrachtungen bildet. Dagegen handelt es sich bei den 1- und 2dimensionalen Fehlordnungserscheinungen stets um Nichtgleichgewichtszustände, die grundsätzlich vermieden werden können. Davon legen beispielsweise die von solchen Defekten praktisch freien Siliziumkristalle Zeugnis ab, die in zunehmendem Maße industriell verwendet werden. Wird der hierfür erforderliche, große Kristallzüchtungsaufwand nicht getrieben, so enthalten die Produkte

Nichtgleichgewichtsdefekte, insbesondere Versetzungen.

Diese sind in zweierlei Hinsicht für die übrigen Fehlordnungserscheinungen von Bedeutung:

– In ihrer Umgebung kommt es infolge der Störung des Gitterpotentials zu Konzentrationsänderungen der beweglichen elektronischen Ladungsträger und der atomaren Störstellen. Die letzteren können hier „gegettert“, d. h. angereichert und damit für das umgebende Kristallvolumen unwirksam gemacht werden.
– Wie Abb. 14 veranschaulicht, werden beim „Klettern“ von Versetzungen, bei dem sich die Zahl der Gitterplätze ändert (nichtkonservative Versetzungsbewegung), Eigenstörstellen erzeugt oder vernichtet.

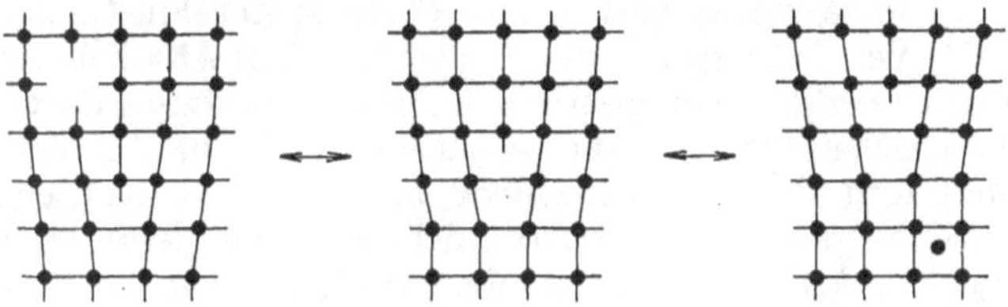

Abb. 14. Stufenversetzung als Quelle oder Senke für Vakanzen (links oben) und Zwischengitteratome (rechts unten) beim Ab- bzw. Ausbau der senkrecht zur Papierebene eingeschobenen, zusätzlichen Netzebene

Demgegenüber hat die Kristalloberfläche als Quelle und Senke für Eigenstörstellen wegen längerer Diffusionswege meist geringere Bedeutung. Relativ selten ist auch die paarweise Bildung oder Vernichtung von Vakanzen und Zwischengitteratomen, da diese nur in Sonderfällen in vergleichbaren Konzentrationen auftreten (*Frenkel*-Fehlordnung, z. B. bei energiereicher Bestrahlung).

Zur Kennzeichnung der Störstellen werden die Symbole nach *Kröger* verwendet, die wir zunächst für Eigenstörstellen und dann für Fremdstörstellen erläutern. Leerstellen oder Vakanzen erhalten des Symbol V mit dem betreffenden Gitterplatz als Index, z. B. in einer AB-Verbindung: V_A bzw. V_B. Zwischengitter- oder „interstitielle" Störstellen tragen den Index i am Atomsymbol, also beispielsweise als Eigenstörstellen A_i oder B_i.

In Verbindungen können weiterhin substitutionelle Eigenstörstellen, z. B. A-Atome im B-Teilgitter oder umgekehrt, also A_B oder B_A, auftreten. Während sie in Ionenkristallen wegen der starken elektrostatischen Abstoßung nächstbenachbarter, gleichsinnig geladener Ionen kaum zu erwarten sind, treten sie in metallischen Verbindungen häufig auf und können auch, was früher zu wenig beachtet wurde, in Halbleitern mit nicht zu großem Bandabstand gegenüber den anderen Eigenstörstellen dominieren. Gesichert ist dies z. B. für Bi_2Te_3 mit dem Bandabstand $E_g = 0{,}15$ eV sowie für GaSb, das ein E_g von 0,7 eV und eine nahezu neutrale Bindung aufweist ($z = 0{,}04$ mit $f_i = 0{,}26$, s. Abschn. 1.3.3.).

Für Verbindungen ist die Möglichkeit einer Abweichung von der exakt stöchiometrischen Zusammensetzung durch die Eigenstörstellen sehr wesentlich, z. B. in AB-Verbindungen durch Unterschiede zwischen den Konzentrationen der Störstellen, die den A-Gehalt vergrößern (A_B, V_B, A_i) und der Störstellen, die den B-Gehalt vergrößern (B_A, V_A, B_i). In diesem Zusammenhang spricht man häufig, ebenso wie bei den Fremdstörstellen, von einer „chemischen Fehlordnung", wobei aber die Verwendung dieses Begriffes nicht einheitlich ist. Wir vermeiden ihn und fassen die im fremdstörstellenfreien, stöchiometrischen oder nichtstöchiometrischen Kristall auftretenden Fehlordnungserscheinungen als Eigenfehlordnung zusammen.

Fremdatome F können gemäß Abb. 13 auf Zwischengitterplatz (F_i) oder — häufiger — substitutionell eingebaut werden (z. B. F_A auf A-Platz). Zwischengitterplätze werden von kleinen Atomen bevorzugt (Beispiel: Li_i in Si). Beim substitutionellen Einbau in Verbindungen aus Metallen A und Nichtmetallen B gehen Metallatome auf Metallplätze (F_A) und Nichtmetallatome auf

Nichtmetallplätze (F_B). Beispiele sind Zink als Zn_{Ga}' und Tellur als $Te_P^{\cdot}$ in GaP. Bei weniger ausgeprägten Elektronegativitätsdifferenzen zwischen den Konstituenten der Verbindung, oder wenn die Elektronegativitäten der Substituenten etwa dem Mittel zwischen denen der Konstituenten gleichen, sind Vorhersagen schwieriger. Ein Beispiel für den letzteren Fall ist Si in GaAs, für das experimentell sowohl Si_{Ga} als auch Si_{As} gefunden wird (amphoterer Einbau.)

Konzentrationsangaben

Die Konzentration [r] von Störstellen oder Reaktionspartnern r wird meist als Volumenkonzentration $[r]_V$ = Teilchenzahl/cm³ angegeben, wie das für die elektronischen Ladungsträger mit $n = [e']_V$ und $p = [h^{\cdot}]_V$ durchweg üblich ist. Daneben benutzt man die Gitterkonzentration

$$[r]_G = \frac{\text{r-Anzahl}}{\text{Formeleinheiten-Anz.}} \approx \frac{M}{\varrho \cdot N_{AV}} [r]_V . \quad (2.2)$$

N_{AV} ist die *Avogadro*-Zahl, M die Molmasse und ϱ die Massendichte des Grundgittermaterials mit $\varrho N_{AV}/M$ Formeleinheiten/Volumen. Bei den hier interessierenden kleinen Störstellenkonzentrationen ist $[r]_G$ praktisch dem Molenbruch gleich. Weiterhin gilt für Elemente und AB-Verbindungen[1])

$$[r]_G \approx \frac{\text{r-Anzahl}}{\text{Platzzahl im Untergitter}};$$

dies ist die sogenannte Platzkonzentration (site fraction). Dabei kommt als das den r-Teilchen zugängliche Untergitter auch das Zwischengitter in Betracht.

Verunreinigungsangaben werden häufig in ppm (= parts per million) oder in ppb (= parts per billion) gemacht, wobei die Konzentration in mol-ppm = $10^6[r]_G$

---

[1]) Bei Verbindungen $A_aB_bC_c$... treten Umrechnungsfaktoren *a*, *b*, *c*, ... hinzu.

und in mol-ppb $= 10^9[r]_G$ ist. In Si sind $\varrho N_{AV}/M = 5 \cdot 10^{22}$ Atome/cm³ und somit bei einer Störstellenkonzentration von 1 mol-ppm $[r]_V = 5 \cdot 10^{16}$ Störstellen/cm³ enthalten. Da in dieser und den benachbarten Größenordnungen die Konzentrationen der gezielten Dotierung für Bauelementeanwendungen liegen, müssen die Konzentrationen elektrisch aktiver Verunreinigungen wesentlich niedriger gehalten werden. Industriell werden bei Si und Ge Werte unter 10^{13}/cm³ erreicht. Bei Verbindungen ist die Absenkung des elektrisch aktiven Verunreinigungspegels in den ppb-Bereich bisher noch die Ausnahme (z. B. GaAs).

2.2. *Störstellenionisation*

Störstellen können als Unterbrechungen der Gitterperiodizität *Energieterme in der verbotenen Zone* hervorrufen, die im Unterschied zu den Termen der Bänder weitgehend lokalisiert sind (Abb. 15). Durch Austausch

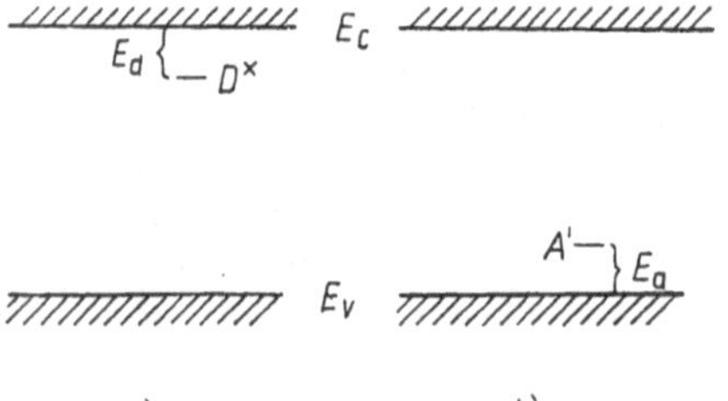

Abb. 15. Donatorterm und Akzeptorterm zwischen Valenzbandoberkante bei E_V und Leitungsbandunterkante bei E_C mit der Abszisse als Ortskoordinate. Zur Termbezeichnung dient das Symbol des elektronenreicheren Zustands der Störstelle (D^x bzw. A') nach *Kröger*

a) Donatorterm
b) Akzeptorterm

von Ladungsträgern mit den Bändern können solche Störstellen ionisiert werden, d. h. eine gegenüber dem ungestörten Gitter abweichende Ladung erhalten.

Für die Ionisierungsreaktion[1]) eines neutralen Donators $D^{\times}$ unter Bildung eines einfach positiven $D^{\cdot}$ und eines Leitungsbandelektrons e' nach

$$D^{\times} \rightarrow D^{\cdot} + e' \tag{2.3}$$

ist die Ionisierungsenergie E_d erforderlich. Ein neutraler Akzeptor $A^{\times}$ kann nach

$$A^{\times} \rightarrow A' + h^{\cdot} \tag{2.4}$$

unter Aufnahme eines Valenzbandelektrons zu einem einfach negativen A' und einem Defektelektron h' mit der Ionisierungsenergie E_a reagieren.

Allgemein wird im oberen Index des Störstellensymbols die Anzahl der gegenüber dem ungestörten Gitter überschüssigen Elementarladungen $+1(^{\cdot})$, $0(^{\times})$, $-1(')$, $-2('')$ usw. unabhängig vom chemischen Bindungscharakter angegeben[2]). Können von der Störstelle mehrere Elektronen aufgenommen oder abgegeben werden, so besitzt sie ebensoviele Störterme (Abschn. 2.2.2.).

Bei Ionisierungsenergien E_d oder E_a bis zur Größenordnung der thermischen Energie kT (0,025 eV bei Raumtemperatur) spricht man von flachen Termlagen unter dem Leitungs- bzw. über dem Valenzband, wäh-

---

[1]) Derartige elektronische Elementarprozesse und andere Fehlerordnungsreaktionen im Festkörper werden häufig als quasichemische Reaktionen bezeichnet. Wenn wir später Stoffübergangsprozesse zwischen Kristall und Gas oder Flüssigkeit mit in die Betrachtung einbeziehen, so ist eine scharfe Abgrenzung zwischen Fehlordnungsreaktionen, chemischen Reaktionen und Phasenübergängen weder möglich noch zweckmäßig, so daß wir alle diese Prozesse unter der Bezeichnung „Reaktionen" zusammenfassen und auf einer gemeinsamen theoretischen Grundlage behandeln.

[2]) Die Indices + und − bleiben der Absolutangabe der Ionenladung (bei weitgehend abgeschlossener Elektronenhülle) vorbehalten, die gegebenenfalls zur näheren Kennzeichnung der Ladungsverteilung zusätzlich erfolgen kann, z. B. in Natriumchlorid durch $(Ca^{2+}_{Na^+})^{\cdot}$ für das substitutionelle Ion $Ca^{\cdot}_{Na}$. Bei Zwischengitterionen sind Überschuß- und Absolutladung gleich, z. B. bei $(Li_i^+)^{\cdot} = Li_i^{\cdot}$. Im allgemeinen ist jedoch eine Wiedergabe von Einzelheiten über die Ladungsverteilung durch ein einfaches Symbol nicht möglich und auch für viele Betrachtungen nicht erforderlich, bei denen es nur auf die Ladungsbilanz ankommt.

rend wesentlich weiter von den Bandkanten entfernte Terme als tief (im Inneren der verbotenen Zone gelegen) bezeichnet werden.

Wenngleich eine thermische Ionisierung tiefer Terme und damit ein Beitrag zur Gleichgewichtsleitfähigkeit kaum auftritt, so können sie doch im Zusammenwirken mit der elektronischen Fehlordnung des übrigen Kristalls ionisiert werden und für die Ladungsträgerkinetik (Abschn. 2.3.) eine wichtige Rolle spielen. Im Interesse einer einheitlichen Bezeichnung des Umladungscharakters spricht man auch in diesen Fällen bei neutral oder *positiv* auftretenden Störstellen von *Donatoren* und bei neutral oder *negativ* auftretenden Störstellen von *Akzeptoren* (im weiteren Sinne).

Tiefe Terme sind mit einer wesentlich stärkeren Störung des Gitterpotentials verbunden und der theoretischen Behandlung sehr viel schwerer zugänglich als die flachen Terme, für die wir nun eine einfache Modellvorstellung diskutieren.

2.2.1. *Das Wasserstoffmodell und seine Grenzen*

Flache Termlagen treten beispielsweise bei den Substitutionsstörstellen auf, die die Elemente der 3. und 5. Gruppe in Si und Ge bilden und die am eingehendsten untersucht wurden. Unter ihnen sind Bor und Phosphor in Si die technisch wichtigsten Dotanten.

Von den 5 Valenzelektronen des P_{Si}^{x} werden nur 4 für die Elektronenpaarbindungen zu den 4 benachbarten Si-Atomen benötigt. Das 5. Elektron kann entsprechend (2.3) leicht an das Leitungsband abgegeben werden unter Zurücklassung des positiven Ions $P_{Si}^{\cdot}$ (Abb. 16). Dessen Wirkung auf das abspaltbare Elektron ist derjenigen eines Wasserstoffkerns auf sein Elektron vergleichbar. Ersetzt man in der Ionisierungsenergie

$$\frac{me^4}{8h^2\varepsilon_0{}^2} = 13{,}6\ \mathrm{eV}$$

des H-Atoms die Dielektrizitätskonstante des Vakuums ε_0 durch die des Si-Kristalls sowie die Elektronenmasse m durch eine effektive Elektronenmasse m_e^* (vgl. Abschn. 2.5.2.), so ergibt sich die Donator-Ionisierungsenergie

$$E_d = \frac{m_e^*}{m} \frac{13,6}{\varepsilon_{rel}^2} \text{ eV}. \tag{2.5}$$

Das sind 0,03 eV mit der statischen, relativen Dielektrizitätskonstanten $\varepsilon_{rel} = 12$ und $m_e/m = 0,3$ für Si. Experimentell wird $E_d = 0,04$ eV für P_{Si} gefunden.

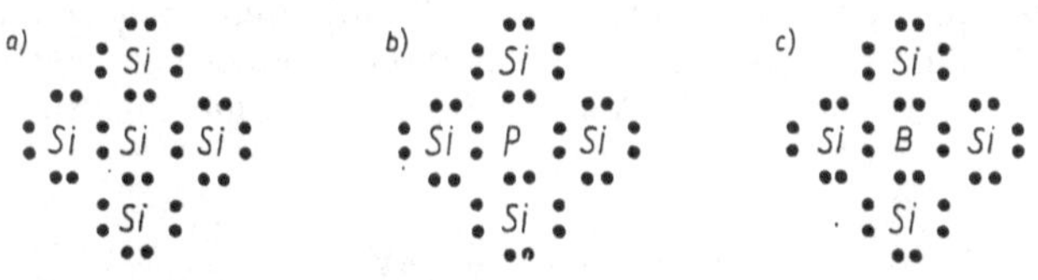

Abb. 16. Elektronenoktetts im Siliziumgitter (Jedes der 4 äußeren Si-Atome besitzt ebenfalls 4 gemeinsame Elektronenpaare mit 4 Bindungspartnern, von denen 3 nicht gezeigt sind)
a) Grundgitterbaustein Si_{Si}^{x}
b) ionisierte Substitutionsstörstelle $P_{Si}^{\cdot}$
c) ionisierte Substitutionsstörstelle B'

Der gute Erfolg dieses Wasserstoffmodells unter Verwendung der makroskopischen Dielektrizitätskonstanten des Kristalls hängt damit zusammen, daß sich das Elektron bereits im Grundzustand in einem relativ ausgedehnten Orbital befindet: An die Stelle des *Bohr*schen Radius $r_B = \varepsilon_0 h^2/(e^2 m) = 0,53$ Å tritt der Wert $r_B \varepsilon_{rel} m/m_e^* = 21$ Å, der um fast eine Größenordnung höher liegt als der Atomabstand $r_{gl} = 2,35$ Å in Si. Daher darf der Kristall näherungsweise als dielektrisch homogen betrachtet werden.

Ebenso wie für P_{Si} werden auch für die anderen, substitutionell in Si und Ge eingebauten Donatoren aus der 5. Gruppe (As, Sb, Bi) die Ionisierungsenergien durch das Wasserstoffmodell größenordnungsmäßig richtig wiedergegeben. Dabei werden allerdings experimentell festgestellte, kleine Unterschiede innerhalb desselben Halbleiters nicht erfaßt, da in (2.5) keinerlei individuelle Eigenschaften der Störstelle eingehen. Deren Berücksichtigung ist auf halbempirischer Grundlage z. B. durch die dielektrische Bindungstheorie möglich.

Entsprechendes gilt für die substitutionellen Akzeptoren, die von den Elementen der 3. Gruppe (B, Al, Ga, In) in Si und Ge gebildet werden auf Grund ihres Bestrebens, das gegenüber den Grundgitteratomen fehlende 4. Bindungselektron dem Valenzband zu entnehmen (Abb. 16c). Man kann das zugehörige Defektelektron im neutralen Akzeptor als „wasserstoffähnlich“ an den negativen Störstellenrest gebunden betrachten, bevor es nach (2.4) abgegeben wird. Als Ionisierungsenergie resultiert analog zur (2.5)

$$E_a = \frac{m_h^*}{m} \frac{13{,}6}{\varepsilon_{rel}^2} \text{ eV}$$

mit der effektiven Defektelektronenmasse m_h^* am oberen Valenzbandrand, die sich ebenso wie m_e^* nicht stark von m unterscheidet.

Bei Verbindungshalbleitern ist das Wasserstoffmodell für flache Termlagen mit einer geringfügigen Modifizierung anwendbar, die die Auswirkung der hier zusätzlich auftretenden Ionenpolarisation in der Dielektrizitätskonstanten berücksichtigt.

Das Wasserstoffmodell versagt bei tiefen Termlagen, für die die individuellen Eigenschaften der Störstellen wegen der festeren Bindung der Lagungsträger entscheidenden Einfluß erhalten, worauf wir aber nicht näher eingehen können. Zahlreiche Beispiele für tiefe Termlagen liefern Nebengruppenelemente wie Cu, Au, Mn, Fe, Co oder Ni in Si, Ge und anderen Halbleitern, wobei häufig mehrere Terme, entsprechend mehrfacher Ionisation einer Störstelle, auftreten. — Wegen der stärkeren Störung der Bindungsverhältnisse des Grundgitters besitzen solche Elemente meist eine um Größenordnungen geringere Löslichkeit im Halbleiterkristall als die Elemente mit flacher Termlage.

2.2.2. *Valenzchemische Betrachtungen zur Störstellenionisation*

Wenngleich theoretische Vorhersagen über Ionisierungsenergien von Störstellen sehr schwierig sind, so können doch wenigsten über das Vorzeichen und das Ausmaß der Aufladung einige Regeln aus der Erfahrung abgeleitet und valenzchemisch plausibel gemacht werden, die wir im folgenden behandeln wollen.

2.2.2.1. *Substitutionelle Fremd- und Eigenstörstellen*

Substitutionsstörstellen können, wie die Verallgemeinerung der Aussagen des vorigen Abschnitts ergibt, *positiv aufgeladen* werden, wenn das substituierende Element *mehr Valenzelektronen* als das substituierte besitzt, während bei *weniger Valenzelektronen negative Aufladung* auftreten kann. Für Verbindungshalbleiter sind dabei die Substitutionsregeln des Abschn. 2.1. zu beachten, so daß z. B. in GaAs Schwefel als $S^{\bullet}_{As}$, Zink als Zn'_{Ga} und Silizium entweder als $Si^{\bullet}_{Ga}$ oder als Si'_{As} auftreten kann. Die zugehörigen Termlagen sind flach und wasserstoffähnlich, was bei Substituenten aus den Nachbargruppen des Periodensystems häufig ist.

Substituenten aus weiter entfernten Gruppen liefern Beispiele für mehrfach ionisierbare Störstellen. So kann Te in Ge, entsprechend der Differenz von zwei Valenzelektronen, zweifach positive Donatoren $Te^{\bullet\bullet}_{Ge}$ bilden. Dazu erfolgt nach einer ersten Ionisation (s. (2.3.)) die Abgabe eines zweiten Eelektrons an das Leitungsband nach dem allgemeinen Schema

$$D^{\bullet} \to D^{\bullet\bullet} + e'. \qquad (2.6)$$

Die 1. und die 2. Ionisierungsenergie $E_d = 0{,}10$ eV und $E_{dd} = 0{,}28$ eV sind in Abb. 17 eingetragen.

Zur Kennzeichnung eines Terms wird in solchen Fällen die Angabe seines Umladungscharakters unerläßlich. Sie erfolgt gemäß Abb. 15 und 17 durch das Symbol der Störstelle im elektronenreicheren der beiden Ladungszustände des Terms.[1])

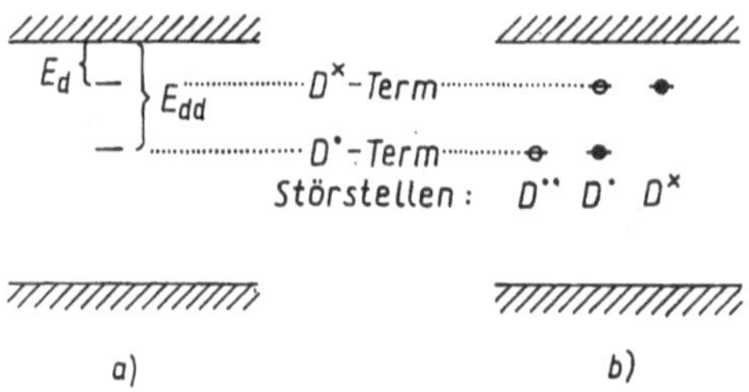

Abb. 17. a) Störterme eines Doppeldonators D im Bänderschema
b) Störterme eines Doppeldonators D im Bäderschema mit Angabe der Störstellensymbole und des zugehörigen Besetzungszustands der Terme
○ – unbesetzt, ● – besetzt

Ein Beispiel für einen zweifach ionisierbaren Akzeptor in Ge ist Zn_{Ge}, während z. B. Cu_{Ge} als Dreifachakzeptor wirkt gemäß

$$Cu_{Ge}^{x} \rightarrow Cu_{Ge}' + h^{\cdot} \rightarrow Cu_{Ge}'' + 2h^{\cdot} \rightarrow Cu_{Ge}''' + 3h^{\cdot}. \qquad (2.7)$$

Die drei Ionisierungsenergien sind in Abb. 18 angegeben. Ebenso wie bei Te_{Ge} (Abb. 17) liegen die Terme in *der* Reihenfolge übereinander, in der die Elektronenzahl in

[1]) Man beachte, daß die Termkonzentration die Summe aus den Konzentrationen der Störstelle in den beiden Ladungszuständen darstellt. Also ist $[D^x] + [D^{\cdot}]$ die Konzentration der D^x-Terme und $[D^{\cdot}] + [D^{\cdot\cdot}]$ die Konzentration der $D^{\cdot}$-Terme in Bild 17. Bei vorgegebener Totalkonzentration der Donatoren $[D]^{tot} = [D^{\cdot}] + [D^{\cdot}] + [D^{\cdot\cdot}]$ liegen somit die Termkonzentrationen (im Unterschied zur Einfachionisation nach Bild 15) nicht fest. Sie variieren mit dem Besetzungsverhältnis der Terme z. B. bei Temperaturänderung.

der Störstelle zunimmt, entsprechend den Verhältnissen beim freien Atom.

Wie in allen bisherigen Beispielen, so ist häufig auch bei anderen Substitutionsstörstellen die *Zahl der Störterme gleich dem Unterschied zwischen der Valenzelektronenzahl* des substituierenden und des substituierten Atoms. Das gilt auch für Eigenstörstellen. (Beispiel:

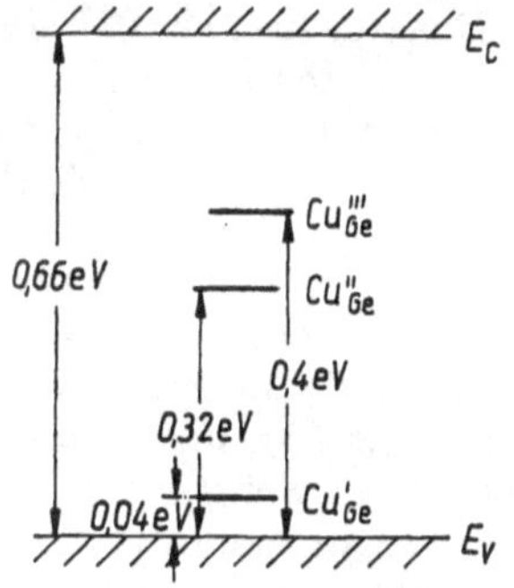

Abb. 18. Störterme von substitutionellem Kupfer in Germanium

Ga'_{Sb}- und Ga''_{Sb}-Terme in GaSb). Ausnahmen können dadurch zustande kommen, daß die Ionisationsenergie zu groß bzw. der Bandabstand zu klein wird, so daß sich die Terme der zugehörigen Ionisationsstufen im gegenüberliegenden Band befinden. Sie sind dort gegenüber der sehr großen Anzahl von Grundgittertermen praktisch bedeutungslos.

Bei gleicher Valenzelektronenzahl von substituierendem und substituiertem Atom können Störterme in der verbotenen Zone nur dann auftreten, wenn sich die beiden Atome stark in ihrer Elektronegativität unterscheiden. Solche Störstellen werden als isovalent oder (bezüglich der Valenzelektronen) isoelektronisch bezeichnet. Das meistuntersuchte Beispiel, das auch bereits technische Anwendung (für Licht emittierende Dioden) gefunden hat, ist N_P in GaP. Infolge der größeren

Elektronegativität des Stickstoffs gegenüber dem Phosphor entsteht eine Mulde der potentiellen Elektronenenergie, in der ein Leitungsbandelektron eingefangen werden kann nach $N_P^x + e' \rightarrow N_P'$. Der zugehörige Akzeptorterm besitzt eine anormale Lage dicht (0,01 eV) unterhalb des Leitungsbandes. Umgekehrt kann Wismut, das eine geringere Elektronegativität als Phosphor besitzt, nach $Bi_P^x + h^\cdot \rightarrow Bi_P^\cdot$ ein Defektelektron einfangen auf Grund einer anormalen Donatortermlage 0,05 eV oberhalb des Valenzbandes. Dagegen treten bei kleineren Elektronegativitätsdifferenzen, wie z. B. bei As_P in GaP, keine lokalisierten Terme in der verbotenen Zone auf, sondern Terme innerhalb der Energiebänder.

Schließlich sind noch Substitutionsstörstellen in Übergangsmetallverbindungen zu erwähnen, bei denen besondere Formulierungen gebräuchlich sind. Beispielsweise wirkt Li_{Ni} in NiO erwartungsgemäß als Akzeptor, wobei aber die gebildeten Defektelektronen weitgehend an Ni^{2+}-Ionen lokalisiert sind, mit denen sie auch als Ni^{3+}-Ionen zusammengefaßt werden können:

Ni^{2+} Li^+ Ni^{2+} Ni^{2+} Ni^{2+} Ni^{3+} Ni^2; oder allgemein

Me^x A' Me^x Me^x Me^x $Me^\cdot$ Me^x.

(Me für Übergangsmetall; die Anionen bleiben unverändert und sind weggelassen.) Man spricht in solchen Fällen, die mit dem leicht erfolgenden Wertigkeitswechsel der Übergangsmetalle in Zusammenhang stehen, von *gesteuerter Valenz*.

Der Leitfähigkeitsbeitrag derartiger, lokalisierter Ladungsträger ist als Resultat eines Überspringens von Ion zu Ion angesehen worden. Ein entsprechender „Hopping"-Mechanismus wird aber heute eher für andere Festkörper mit geringer Ladungsträgerbeweglichkeit (Abschn. 1.1.3. und 1.1.4.) in Betracht gezogen. Er ist experimentell schwierig vom Ladungstransport in Energiebändern zu unterscheiden, der in „Schmalbandhalbleitern" wie NiO (s. Fußnote zu Abschn. 1.2.2.) ebenfalls Besonderheiten aufweist. — Unabhängig vom Transportmechanismus wollen wir bei den an Grundgitteratomen lokalisierten Überschußladungen ($Me^{\cdot}$ oder Me') nicht von atomaren Störstellen, sondern wie bei der elektronischen Fehlordnung der typischen Halbleiter von beweglichen elektronischen Ladungsträgern sprechen und die funktionalen Zusammenhänge für die Gleichgewichtskonzentrationen auch gemeinsam behandeln (s. besonders Abschn. 2.5.2.).

2.2.2.2. *Interstitielle Fremd- und Eigenstörstellen*

Zwischengitteratome können sich *positiv* aufladen, wenn ihre *Valenzelektronenschale weniger als halb gefüllt* ist, wobei die *mögliche Anzahl von Ionisationsstufen der Valenzelektronenzahl gleicht*. Entsprechend ist negative Aufladung bei Zwischengitteratomen mit mehr als halb gefüllter Valenzelektronenschale möglich, die aber wegen ihres großen Platzbedarfs selten auftreten.

In Si und Ge sind als interstitielle Störstellen lediglich $Li_i^{\cdot}$-Ionen in einem Maße löslich, das zur Beeinflussung der Gleichgewichtsleitfähigkeit ausreicht. Eine damit vergleichbare Löslichkeit besitzen nur Helium und Wasserstoff als He_i^{x} und H_i^{x}, deren Ionisationsenergie aber zu groß ist, so daß ihre Terme nicht in die verbotene Zone fallen. — Über interstitielle Eigenstörstellen in den Elementen der 4. Gruppe mit ihren halbgefüllten Valenzelektronenschalen, zu denen die obige Regel keine Aussage macht, ist wenig bekannt. Für Si_i ist ein amphoterer Umladungscharakter, also sowohl positive als auch negative Ionisation, diskutiert worden.

In Verbindungshalbleitern können interstitielle Eigendonatoren in einem solchen Ausmaß auftreten, daß sie die Gleichgewichtsleitfähigkeit bestimmen. Ein Beispiel ist Cd_i in CdTe, das entsprechend der obigen Regel zwei Donatorterme besitzt.

2.2.2.3. *Vakanzen*

Ebenso wie interstitielle und substitutionelle Eigenstörstellen können Vakanzen ionisiert auftreten. Für Ionenkristalle ist nach Abb. 19 unmittelbar einzusehen, daß *fehlenden Kationen negative Überschußladungen* zugeordnet sind. Diesen Ladungen entspricht ein anziehendes Potential für die zugehörigen elektronischen

$A^+ \; B^- \; \square \; B^- \; A^+ \; B^- \; A^+ \; \square \; A^+$

Abb. 19. Vakanzen V_A' (links) und $V_B^{\bullet}$ (rechts) in einem eindimensionalen AB-Ionenkristall

Ladungsträger, die daher eingefangen werden können. So entsteht in NaCl aus dem ionisierten Donator $V_{Cl}^{\bullet}$ durch Leitungselektronenaufnahme das „F-Zentrum" V_{Cl}^{x}, eine der meistuntersuchten, eine Kristallfärbung hervorrufenden, Störstellen.

Im Energiebändermodell des Ionenkristalls (Abschn. 1.2.2., Abb. 7) wird durch das Fehlen eines neutralen Cl-Atoms mit seinen $5p$-Valenzelektronen die Zahl der p-Orbitale, die das Valenzband bilden, um 3 vermindert. Dem entsprechen 6 fehlende Plätze, so daß 1 Elektron übrigbleibt. Es kann im Leitungsband untergebracht werden oder aber in einem Donatorterm (V_{Cl}^{x}), der aus diesem Band entsprechend der Wirkung des anziehenden Potentials nach unten herausgelöst wird. Die Elektronenladung wird dabei nicht durch ein einzelnes Na^+-Ion, sondern kollektiv durch die der Anionenvakanz benachbarten Na^+-Ionen neutralisiert. — Für Kationenvakanzen ergeben sich auf analoge Weise Akzeptorterme.

Auch in AB-Verbindungshalbleitern nicht zu geringer Ionizität kann man bei den Vakanzen des elektronegativeren Bestandteils B mit positiver und bei den A-Vakanzen mit negativer Überschußladung rechnen. Dabei ist die *Anzahl der möglichen Donator- bzw. Akzeptor-*

terme gleich dem Betrag der Ionenwertigkeit. Dementsprechend sind für die Leerstellen in A^IB^{VII}-Verbindungen Einfachionisation und in $A^{II}B^{VI}$-Verbindungen Zweifachionisation mit entsprechenden Störtermen die Regel. Bei kleinen Bandabständen kann der zweite Ionisationsterm im gegenüberliegenden Band verschwinden (Abschn. 2.2.1.). So ist in $A^{IV}B^{VI}$-Verbindungen wie PbS, PbSe und PbTe ($E_g = 0,1, \ldots, 0,3$ eV) verschiedentlich je ein einfacher, flacher Ionisationsterm für V_A und V_B in der verbotenen Zone angenommen worden.

Neuerdings wird demgegenüber für die Pb-Chalkogenid-Vakanzen ein *Verschwinden der Ionisierungsenergie* diskutiert entsprechend einem zu geringen anziehenden Potential für die Ladungsträger. Dies kann durch die außerordentlich hohen relativen Dielektrizitätskonstanten von einigen 10^2 bedingt sein, die mit dem hohen Polarisierbarkeitsbeitrag des nichtbindenden *s*-Elektronenpaars am Pb (Abschn. 1.1.3.) zusammenhängen. Entsprechend der obigen Überlegung zum F-Zentrum finden dann nach Entfernung eines neutralen Chalkogenatoms 2 Elektronen keinen Platz im Valenzband[1]), können also nur im Leitungsband untergebracht werden, da kein Störterm existieren soll. Sie müssen dort auch bei Abkühlung auf 0 K verbleiben wie in einem Metall sehr geringer Elektronenkonzentration, was der Beobachtung entspricht. Analog sind Pb-Vakanzen V''_{Pb} mit dem Auftreten von je zwei Defektelektronen verbunden und nach dieser interessanten Vorstellung nicht umladbar.

Sie kommt für A^NB^{VIII-N}-Verbindungen mit ihren wesentlich kleineren Dielektrizitätskonstanten und im allgemeinen höheren Bandabständen nicht in Betracht. Bei geringer Ionizität besteht hier aber die Möglichkeit, daß sich der *Umladungscharakter der Vakanzen-Störterme gegenüber dem Ionenkristall umkehrt.* Beispielsweise

---

[1]) Dieses Resultat bleibt auch beim Übergang zum homöopolaren Grenzfall ungeändert.

sind bei den $A^{III}B^{V}$-Halbleitern für den rein homöopolaren Grenzfall (effektive Ladungen $z_A = +1$ und $z_B = -1$, s. Abschn. 1.3.3.) als ionisierte Vakanzen $V_A^{\cdot}$ und V_B' zu erwarten. Für GaAs ($z_{Ga} = +0{,}24 = -z_{As}$ mit $f_i = 0{,}31$) gibt es experimentelle Hinweise auf diesen anormalen Umladungscharakter, die jedoch noch nicht gesichert sind.

Für die Leerstellen in den Elementhalbleitern der 4. Gruppe bleibt die Situation wie bei deren interstitiellen Eigenstörstellen nach valenzchemischen Betrachtungen unentschieden. Auch aufwendigere theoretische Betrachtungen lassen noch keine sichere Vorhersage ihres Umladungscharakters zu, so daß man ganz auf das Experiment angewiesen ist (s. auch Abschn. 3.5.).

2.3. *Kinetik und Gleichgewicht elektronischer Reaktionen*

Die Kinetik elektronischer Elementarprozesse interessiert einmal um ihrer selbst willen im Rahmen der Behandlung von Nichtgleichgewichtszuständen in der Halbleiterelektronik; zum anderen ermöglicht sie den anschaulichsten Zugang zur Erfassung elektronischer Gleichgewichte. Dieser zweite Aspekt soll hier im Vordergrund stehen. Es resultieren funktionale Zusammenhänge zwischen den Gleichgewichtskonzentrationen mit zunächst phänomenologisch eingeführten Konstanten, die auf statistisch-thermodynamischem Wege berechnet werden können. Die Ergebnisse solcher Rechnungen werden im übernächsten Abschn. 2.5. wiedergegeben. Dort folgen auch quantitative Aussagen über die Gültigkeitsgrenzen unserer kinetischen Betrachtungen, bei denen wir die Ansätze für Reaktionen idealer Gase auf das Leitungselektronen- und das Defektelektronengas sowie auf die Störstellen übertragen, für die ebenfalls geringe Konzentrationen vorausgesetzt werden.

2.3.1. Elektronische Reaktionen im störstellenfreien Halbleiter

Wie bereits aus unseren früheren, qualitativen Überlegungen zur Situation im reinen Halbleiter hervorging (Abschn. 1.2.1. und 2.1.), gelangen durch thermische Anregung Elektronen aus dem Valenz- ins Leitungsband (Abb. 20 links). Dem entspricht, unter Einbeziehung des Gegenprozesses, die Reaktionsgleichung

$$0 \leftrightarrows \mathrm{e}' + \mathrm{h}^{\cdot}. \tag{2.8}$$

Die Hin- bzw. Rückreaktion stellt also die *Generation* bzw. *Rekombination* eines Elektron-Loch-Paares dar.

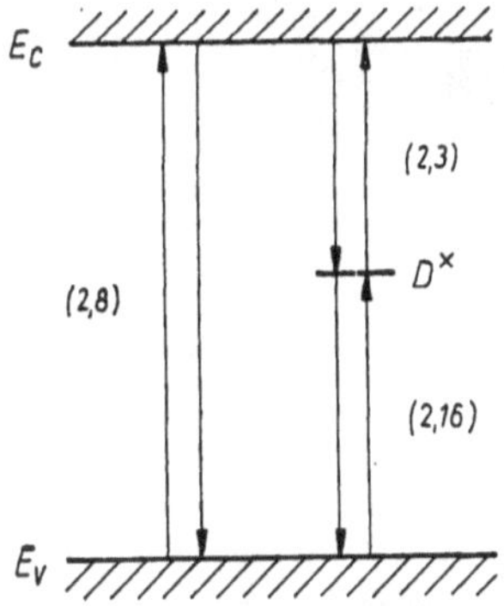

Abb. 20. Band-Band-Übergänge (links) und Übergänge über ein Rekombinationszentrum (rechts) im Bänderschema, mit Angabe der zugehörigen Reaktionsgleichungen des Textes

Die Rekombinationsrate R_{CV} ist, wie die Geschwindigkeit einer bimolekularen chemischen Reaktion, dem Produkt der Konzentrationen bei der Reaktionspartner proportional. Also ist $R_{CV} = r_{CV}np$ mit r_{CV} als Proportionalitätsfaktor. Er stellt im korpuskularen Bild die Häufigkeit der Zusammenstöße zwischen Leitungselektronen und Defektelektronen (mit entsprechenden „effektiven Wirkungsquerschnitten") beim Vorliegen der Einheitskonzentrationen dar.

Die Generationsrate G_{VC} ist bei gegebener Temperatur T konstant („Reaktion nullter Ordnung"), da die Konzentrationen der Valenzbandelektronen und der leeren Plätze im Leitungsband sehr groß und praktisch unveränderlich sind.

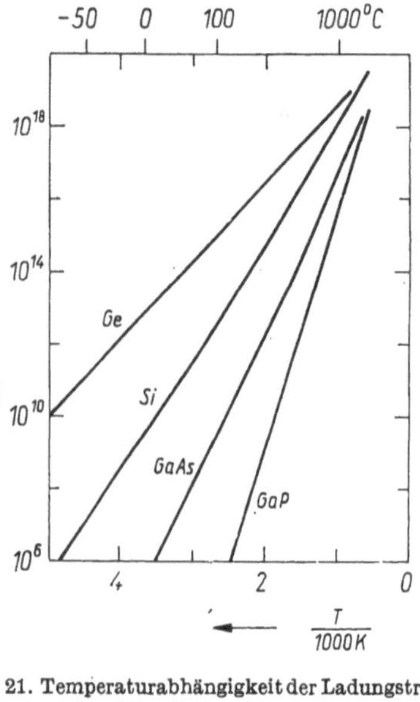

Abb. 21. Temperaturabhängigkeit der Ladungsträgerkonzentrationen $n_i = K_g^{1/2}$ in eigenleitendem Silizium, Germanium, Galliumarsenid und Galliumphosphid

Nach der *Arrhenius*-Gleichung für die chemische Reaktionsgeschwindigkeit ist G_{VC} proportional zu $\exp(-E_g/kT)$ mit dem Bandabstand E_g als Aktivierungsenergie der Generation und der *Boltzmann*-Konstanten k.

Nach hinreichender Zeit stellt sich für die Reaktion (2.8) ein *dynamisches Gleichgewicht* ein, in dem Generations- und Rekombinationsrate gleich sind. Mit $K_g = G_{VC}/r_{CV}$ als der Gleichgewichtskonstanten dieser Reaktion folgt hierfür, das fundamentale Massenwirkungsgesetz

$$np = K_g. \tag{2.9}$$

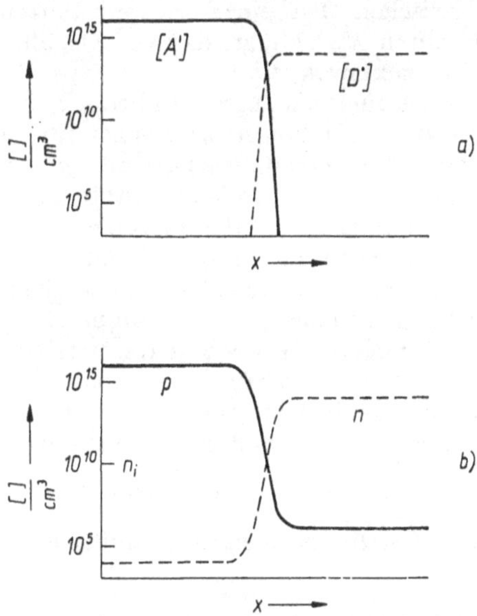

Abb. 22. a) Konzentrationen ionisierter Akzeptoren [A'] und Donatoren [D•] b) Ladungsträgerkonzentrationen p und n als Funktion des Ortes x mit pn-Übergang. Unabhängig vom Ort gilt $1/2(\lg p + \lg n) = \lg n_i$.

Da die Rekombination ohne Aktivierungsenergie abläuft, gilt für die Temperaturabhängigkeit der Gleichgewichtskonstanten

$$K_g = K_{0g} \exp\left(-\frac{E_g}{kT}\right). \tag{2.10}$$

Im störstellenfreien Kristall liegt *Eigenhalbleitung* mit $n = p = K_g^{1/2}$ vor. Da der Präexponentialfaktor K_{0g}

relativ wenig von der Temperatur abhängt und die Temperaturabhängigkeit des Bandabstands mit einschließen soll (E_g stellt also hier den Wert bei 0 K dar, vgl. Abschn. 2.5.3.), ist eine graphische Darstellung von $\lg K_g^{1/2}$ gegen $1/T$ zweckmäßig, wie sie Abb. 21 zeigt. Die Unterschiede zwischen den einzelnen Substanzen sind in erster Linie durch E_g bedingt, das von Ge über Si und GaAs zum GaP zunimmt.

Die Größe $K_g^{1/2}$ wird auch als *Inversionsdichte* n_i bezeichnet, da sich bei dieser Ladungsträgerkonzentration der Leitungstyp von der p-Halbleitung mit $p > n$ in die n-Halbleitung mit $n > p$ umkehrt (Abb. 22b). Dabei durchläuft die Summe $n + p$ der Ladungsträgerkonzentrationen im Gleichgewicht (2.9) und damit bei gleichen Elektronen- und Defektelektronenbeweglichkeiten auch die Leitfähigkeit nach (2.1) ein Minimum. — Bei derartigen Betrachtungen, die bereits den störstellenhaltigen Halbleiter mit einbeziehen, zeigt sich erst die volle Bedeutung des auch dort (bei nicht zu hohen Ladungsträgerkonzentrationen) gültigen Massenwirkungsgesetzes (2.9).[1])

2.3.2. *Elektronische Reaktionen in störstellenhaltigen Kristallen*

Die in Abschn. 2.2. besprochene Lieferung von Elektronen durch Donatoren und von Defektelektronen durch Akzeptoren ist wegen der Konstanz von $n \cdot p$ mit einer

[1]) Es besteht eine weitgehende Analogie zu den funktionalen Zusammenhängen bei wäßrigen Elektrolytlösungen mit dem für hinreichende Verdünnung gültigen Massenwirkungsgesetz $[H^\cdot][OH'] = K_w$. Die Beeinflussung dieser Ionenkonzentrationen durch dissoziierende Säuren und Basen entspricht der Beeinflussung der Ladungsträgerkonzentrationen durch dissoziierende Donatoren und Akzeptoren. (Zufällig gleicht auch die Größenordnung von $K_w = 10^{-14}$ mol²/l² $= (6 \cdot 10^{13}$ Ionen/cm³$)^2$ bei Raumtemperatur derjenigen von n_i^2 z. B. in Ge nach Bild 20.) Auf weitere Analogien werden wir bei der Löslichkeitsbeeinflussung ionisierter Störstellen, bei der elektrostatischen interionischen Wechselwirkung sowie bei den Diffusionspotentialen stoßen, die mit den Konzentrationsgradienten von Ionen und elektronischen Ladungsträgern verbunden sind.

Konzentrationsverminderung der jeweils entgegengesetzt geladenen Trägerart verbunden. Solche Konzentrationsänderungen erstrecken sich in elektronischen Bauelementestrukturen über mehrere Größenordnungen, wie Abb. 22 (mit dem n_i-Wert von Si bei Raumtemperatur) für einen stromlosen *pn*-Übergang zeigt. Ohne auf dessen Funktionsweise einzugehen, soll hier lediglich das für die Einstellung der Leitfähigkeit grundlegende Ionisierungsgleichgewicht der Donatoren und Akzeptoren behandelt werden. Diese liegen zwar in der fertigen Bauelementestruktur praktisch vollständig ionisiert vor; jedoch ist die Reaktion mit den neutralen Störstellen bei später behandelten Dotierungsvorgängen und bei Temperaturänderungen wesentlich. Weiter sollen hier prinzipielle Betrachtungen zur kinetischen Behandlung von Gleichgewichten angeschlossen werden.

Die Ionisierungsreaktion $D^{x} \rightarrow D^{\cdot} + e'$ (2.3) hat in Analogie zu monomolekularen Reaktionen eine Geschwindigkeit, die proportional zu $[D^{x}] \exp(-E_d/kT)$ ist. E_d ist die Ionisierungs- oder Aktivierungsenergie aus Abb. 15. Die Rückreaktion $D^{x} \leftarrow D^{\cdot} + e'$ erfordert, wie beim Elektronen-Defektelektronenprozeß (2.8), keine Aktivierungsenergie und entspricht einer bimolekularen Reaktion mit der Geschwindigkeit proportional zu $[D^{\cdot}]\,n$. Durch Gleichsetzung von Hin- und Rückgeschwindigkeit legen wir uns auf Gleichgewichtskonzentrationen fest und erhalten für die Gleichgewichtskonstante und ihre Temperaturabhängigkeit:

$$\frac{[D^{\cdot}]\,n}{[D^{x}]} = K_d = K_{0d} \exp\left(-\frac{E_d}{kT}\right). \qquad (2.11)$$

Auf völlig analoge Weise erhält man für das Ionisationsgleichgewicht $A^{x} \leftrightharpoons A' + h^{\cdot}$ von Akzeptoren mit der Ionisierungsenergie E_a (Abb. 15b):

$$\frac{[A']\,p}{[A^{x}]} = K_a = K_a \exp\left(-\frac{E_a}{kT}\right). \qquad (2.12)$$

Die in diesen Gleichungen enthaltenen Temperaturabhängigkeiten der Gleichgewichtskonstanten können ebenso wie (2.10) als Spezialfälle der „Reaktionsisochore" angesehen werden, die wir allgemein für elektronische Reaktionen verwenden in der Form

$$K = K_0 \exp\left(-\frac{\Delta E}{kT}\right). \tag{2.13}$$

Unter ΔE soll hier die Reaktionsenergie[1]) am absoluten Nullpunkt verstanden werden (s. Abschn. 2.5.3. und 2.5.4.). Sie ist also eine Änderung der inneren Energie bei konstantem Volumen, bei dem diese Prozesse bevorzugt theoretisch betrachtet werden. Praktisch erfolgt aber die thermische Anregung stets bei konstantem Druck, so daß für experimentelle Zwecke exakter die Reaktionsenthalpie ΔH anstelle von ΔE zu verwenden wäre (wie wir das bei atomaren Prozessen stets tun werden). Glücklicherweise ist der zahlenmäßige Unterschied für Rekationen in kondensierten Phasen gering. Das gilt insbesondere für unsere elektronischen Reaktionen, bei denen sich die Zahl der Gitterplätze im Kristall nicht ändert und damit praktisch auch nicht das Volumen bei isobarer Prozeßführung.

Werden in Reaktionsgleichungen die stöchiometrischen Koeffizienten der Reaktionspartner r mit ν_r bezeichnet und für die Endprodukte mit positivem, für die Anfangspartner aber mit negativem Vorzeichen versehen, so lautet die allgemeine Schreibweise

$$0 \leftrightarrows \sum_{r} \nu_r r. \tag{2.14}$$

---

[1]) Die Reaktionsenergien werden in der Fehlordnungschemie meist in eV/Formelumsatz und nicht in kJ/mol Formelumsätze angegeben, wie sonst bei chemischen Reaktionen üblich. Für die Umrechnung gilt: 1 eV/Formelumsatz ≙ 23,06 kcal/mol Formelumsätze = 96,5 kJ/mol Formelumsätze. Entsprechendes gilt für alle anderen intensiven thermodynamischen Größen mit der Dimension einer Energie.

Das zugehörige Massenwirkungsgesetz, von dem in (2.9), (2.11) und (2.12) Spezialfälle enthalten sind, lautet

$$\prod_{\mathrm{r}} [\mathrm{r}]^{\nu_\mathrm{r}} = K\,. \tag{2.15}$$

Ebenso wie für gewöhnliche chemische Reaktionen gilt das Massenwirkungsgesetz für Fehlordnungsreaktionen *unabhängig davon, ob die zugrunde liegende Reaktionsgleichung den Weg, auf dem die Reaktion hauptsächlich abläuft, wiedergibt oder ob andere Reaktionsmechanismen überwiegen*, was häufig der Fall ist. Beispielsweise ist neben der Band-Band-Rekombination (in Abb. 20 links), die wir der Ableitung von (2.9) zugrunde gelegt haben, auch eine Rekombination über tiefe Terme von Störstellen möglich (nach Abb. 20) rechts). Sie ist z. B. in Si und Ge praktisch stets dominierend, ebenso wie die Generation über die Zwischenstufe tiefer Terme.

Nehmen wir Donatoren als dabei wirksame „Rekombinationszentren" an, so können sie nicht nur Elektronen nach $\mathrm{D}^{\cdot} + \mathrm{e}' \rightarrow \mathrm{D}^{\times}$ aufnehmen, sondern anschließend auch Defektelektronen nach

$$\mathrm{D}^{\times} + \mathrm{h}^{\cdot} \rightarrow \mathrm{D}^{\cdot}. \tag{2.16}$$

Als Resultierende aus beiden Reaktionen ergibt sich die Rekombination $\mathrm{e}' + \mathrm{h}^{\cdot} \rightarrow 0$ wie auf dem unmittelbaren Weg in Abb. 20 links.

Zur Rechtfertigung unserer früheren Ableitung des Massenwirkungsgesetzes (2.9) genügt es nun, daß ein endlicher, wenn auch eventuell geringer Teil der Rekombinationsprozesse auf diesem unmittelbaren Wege erfolgt. Denn nach dem *Prinzip vom detaillierten Gleichgewicht* findet *zu jedem*, also auch zu diesem *Einzelprozeß ein ebenso häufiger Gegenprozeß* statt, wenn sich das Gesamtsystem *im Gleichgewicht* befindet.[1])

[1]) In unserem Beispiel hätten wir zur Begründung von $np = K_g$ auch das Massenwirkungsgesetz (2.11) $[\mathrm{D}^{\cdot}]\,n/[\mathrm{D}^{\times}] = K_\mathrm{d}$ mit $[\mathrm{D}^{\cdot}]/([\mathrm{D}^{\times}]\,p) = K$ für die Reaktion (2.16) kombinieren können mit dem Resultat $np = K_\mathrm{d}/K = K_g$. Aber häufig sind die Reaktionsmechanismen nicht im einzelnen bekannt,

Dies rechtfertigt nicht nur die anschauliche, kinetische Herleitung auch des allgemeinen Massenwirkungsgesetzes (2.15), das meist thermodynamisch begründet wird (s. auch den nächsten Abschn.). Das genannte Prinzip geht über die phänomenologische Thermodynamik hinaus, nach der das Gleichgewicht im Gesamtsystem auch ohne Gegenprozesse unter zyklischem Umsatz (beispielsweise nur in den äußeren Pfeilrichtungen der Abb. 20) realisiert sein könnte. In der Chemie wurde dieses Prinzip mehr oder weniger unbewußt schon lange angewendet, ehe es seine statistische Begründung fand.

Wir verlassen nun die Reaktionskinetik zugunsten einer abstrakteren, aber zusätzliche Aussagen liefernden Behandlung von Gleichgewichten.

2.4. Zur Formulierung und statistisch-thermodynamischen Behandlung von Störstellenreaktionen

Nachdem bisher elektronische Reaktionen betrachtet wurden, bei denen sich lediglich die Ladung der Störstellen änderte, stehen in diesem Abschnitt *atomare* Fehlordnungsreaktionen im Vordergrund, die mit der Bildung oder Vernichtung von Störstellen verbunden sind. Hier sind bei der Formulierung besondere Gesichtspunkte zu beachten, die ein vertieftes Verständnis der Bedeutung unserer Störstellensymbole erfordern. Auf der Grundlage der damit erhältlichen Reaktionsgleichungen können wir dann wieder Massenwirkungsgesetze und Temperaturabhängigkeiten der Gleichgewichtskonstanten angeben, wobei die statistisch-thermodynamische Begründung anhand eines Beispiels skizziert wird.

Unsere Reaktionsgleichungen müssen in jedem Falle, wie bei gewöhnlichen chemischen Reaktionen und bei

---

während stets angenommen werden darf, daß ein endlicher Teil des Umsatzes direkt auf dem durch die Reaktionsgleichung gegebenen Weg erfolgt.

allen bisherigen Beispielen, der *Erhaltung der Ladung und der Masse* Rechnung tragen. Auf beiden Seiten der Reaktionsgleichung muß also

1. die Summe der Überschußladungen,
2. die Anzahl der Atome (einschließlich Ionen) jeder Art

gleich sein. Während in Zusammenhang mit der ersten Bilanzierungsforderung bei Störstellenreaktionen keine Besonderheiten auftreten, muß die zweite anschließend kommentiert werden. Eine dritte derartige Forderung folgt dann im Abschn. 2.4.2.

2.4.1. *Allgemeines am Beispiel der Elementhalbleiter*

Die Vakanzenbildungsreaktion in Elementen

Vakanzen V sind bei der Bilanzierung der Atomzahlen in den Reaktionsgleichungen nicht zu zählen. Weiterhin sind Oberflächenatome, die — wie im Falle der Vakanzenbildung — aus dem Kristallinneren in die Oberfläche verlagert worden sind, nicht gesondert zu zählen. Letzteres scheint ungerechtfertigt zu sein, wenn man zunächst nur die Veränderung der Situation *eines* solchen Atoms berücksichtigt und z. B. für Ge schreibt:

$$\mathrm{Ge}_{\mathrm{Ge}}^{\times} \rightarrow V_{\mathrm{Ge}}^{\times} + (\mathrm{Ge}_{\mathrm{Ge}}^{\times})_{\mathrm{Ob}}. \tag{2.17}$$

Dabei hat $(\mathrm{Ge}_{\mathrm{Ge}}^{\times})_{\mathrm{Ob}}$ als nur teilweise gebundenes Oberflächenatom eine andere Energie als das normale Grundgitteratom $\mathrm{Ge}_{\mathrm{Ge}}^{\times}$ im Inneren. Nun sind aber auch die Veränderungen der Situation anderer Atome des Kristalls zu berücksichtigen, da eine Reaktionsgleichung die Veränderung des gesamten Reaktionssystems, hier des Kristalls, zu erfassen hat. Dadurch, daß das eine Atom zum Oberflächenatom wird, verlieren die neuen Nachbaratome teilweise ihren Oberflächencharakter. In der ganz überwiegenden Zahl der Fälle erfolgt der Einbau wie in Abb. 23 als „wiederholbarer Schritt“ in eine Halbkristallage (in der Kristallwachstumstheorie auch als

Wachstumsstelle bezeichnet). Dabei ist entscheidend, daß nicht nur in dieser schematischen Darstellung, sondern auch im Realfall die Oberflächengröße und die Anzahl der Oberflächenatome unverändert bleiben. Im Endeffekt wird also der *Kristall um einen Gitterplatz im Inneren vergrößert.* Dementsprechend muß auf der

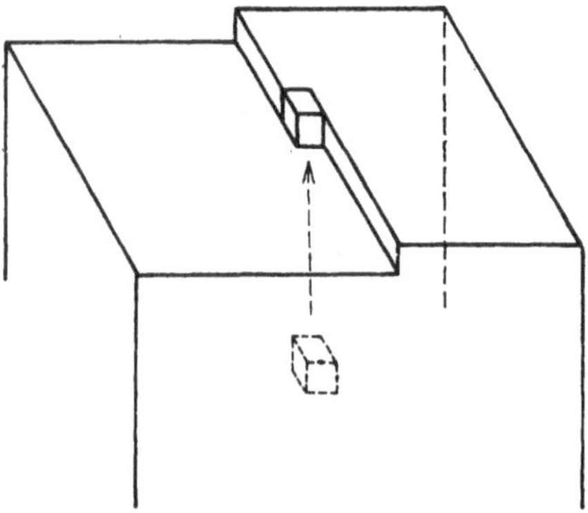

Abb. 23. Anbau eines Atoms in eine Halbkristallage der Oberfläche aus dem Kristallinneren (Halbierung der Anzahl der Nachbaratome) bei der Vakanzenbildung

rechten Seite von (2.17) $(G_{Ge}^{x})_{Ob}$ durch Ge_{Ge}^{x} ersetzt werden, und wir erhalten

$$0 \rightarrow V_{Ge}^{x} \tag{2.18}$$

als resultierende Reaktionsgleichung[1]).

Durch Anwendung des Massenwirkungsgesetzes (2.15) auf diese Reaktion folgt die Aussage, daß die *Gleichgewichtskonzentration neutraler Vakanzen in Elementkristallen* bei gegebener Temperatur (und damit im Ver-

[1]) Diese Gleichung beschreibt die Vakanzenbildung auch dann, wenn als Quelle der Vakanzen nicht die Oberfläche, sondern eine Versetzung fungiert (s. Abschn. 2.1. zu Bild 14). Der wiederholbare Schritt ist dabei die Atomanlagerung an einen „Sprung" der Versetzung. Hier liegt am Rand der Netzebene, in die das Atom eingebaut wird, eine analoge Situation vor wie bei der Halbkristallage an der Oberfläche.

dampfungsgleichgewicht ebenfalls festliegendem Druck) konstant, d. h. *nicht durch andere Gitterdefekte beeinflußbar* ist:

$$[V_{\mathrm{Ge}}^{\times}] = K_{\mathrm{V}}. \tag{2.19}$$

Die kinetische Begründung könnte hier wie im vorigen Abschnitt erfolgen, würde aber durch die Beteiligung der Oberfläche (und in späteren Beispielen auch der Gasphase) unübersichtlich und wenig aussagekräftig sein. Stattdessen führen wir die hier wie bei allen anderen Gleichgewichten fundamentale thermodynamische Behandlung unter Einbeziehung statistischer Aussagen durch.

Statistisch-thermodynamische Betrachtungen

Wir gehen von einem perfekten, d. h. von Gitterfehlern freien Kristall aus Z_{A} gleichen Atomen aus und betrachten die isotherm-isobare Bildung von Z_V neutralen Vakanzen, die dann auf $Z_{\mathrm{A}} + Z_{\mathrm{V}}$ Plätze verteilbar sind. Die damit verbundene Änderung der Konfigurationsentropie beträgt nach der *Boltzmann*schen Beziehung

$$\Delta s_{\mathrm{K}} = k \ln W. \tag{2.20}$$

Die Anzahl der Konfigurationen oder Verteilungsmöglichkeiten W ist, da geringe Konzentration und damit Wechselwirkungsfreiheit der Vakanzen vorausgesetzt werden darf,

$$W = \frac{(Z_{\mathrm{A}} + Z_V)!}{Z_{\mathrm{A}}!\, Z_{\mathrm{V}}!}\ ^{1)}.$$

[1] Beispielsweise existieren für eine Vakanz bei $Z_{\mathrm{A}} = 999$ Atomen, also $Z_{\mathrm{A}}/Z_{\mathrm{V}} = 1000$ Gitterplätzen, offensichtlich 1000 Verteilungsmöglichkeiten, in Übereinstimmung mit obiger Gleichung. Für $Z_{\mathrm{V}} = 2$ Vakanzen und $Z_{\mathrm{A}} = 998$ Atome ergeben sich anschaulich $1000 \cdot 999/2$ Verteilungsmöglichkeiten, da man bei jeder der 1000 Verteilungen der einen Vakanz die andere auf einen der 999 restlichen Gitterplätze setzen kann und wegen der Vertauschbarkeit der beiden (ununterscheidbaren) Vakanzen durch 2 dividieren muß. Nach der allgemeinen Gleichung ergibt sich ebenfalls $W = 1000!/(998!\,2!) = 1000 \cdot 999/2$.

Mit der *Stirling*schen Näherung $\ln Z! = Z \ln Z - Z$ für unsere großen Z-Werte folgt

$$\Delta s_K = -k \left(Z_A \ln \frac{Z_A}{Z_A + Z_V} + Z_V \ln \frac{Z_V}{Z_A + Z_V} \right). \tag{2.21}$$

Dieser Ausdruck entspricht der Mischungsentropie einer idealen Mischphase (z. B. aus zwei idealen Gasen A und V) und ist stets positiv, bedingt durch die Zunahme der Unordnung im Kristall bei der Leerstellenbildung. Ein zusätzlicher, negativer Entropiebeitrag ΔS_V je gebildete Vakanz entsteht durch Änderungen der Bindungsverhältnisse und Schwingungsfrequenzen der Atome, die um die Vakanz zurückbleiben. Insgesamt beträgt somit die Entropieänderung $\Delta s = \Delta s_K + Z_V \Delta S_V$.

Die Bildungsenthalpie ΔH_V je Vakanz, also die Reaktionsenthalpie des Prozesses (2.18), die wir weiter unten abschätzen, ist positiv. Sie führt auf den Enthalpiebeitrag $\Delta h = Z_V \Delta H_V$ zur Änderung $\Delta g = \Delta h - T\Delta s$ der freien Enthalpie g gegenüber dem perfekten Kristall. Daraus resultiert mit Gl. (2.21)

$$\begin{aligned} g - g_{\text{perf}} &= \Delta g = Z_V \Delta H_V - T(\Delta s_K + Z_V \Delta S_V) \\ &= Z_V(\Delta H_V - T\Delta S_V) + kT \left(Z_A \ln \frac{Z_A}{Z_A + Z_V} \right. \\ &\quad \left. + Z_V \ln \frac{Z_V}{Z_A + Z_V} \right). \end{aligned} \tag{2.22}$$

Diese beiden Summanden sind in Abb. 24 als Funktion von Z_V dargestellt, wobei der erste einen linear ansteigenden und der zweite einen absinkenden Beitrag liefert. Die Überlagerung führt auf ein *Minimum von g*, das nach dem 2. Hauptsatz der Thermodynamik dem *Gleichgewicht* isotherm-isobarer Prozesse entspricht. Es gilt also

$$\left(\frac{\partial g}{\partial Z_V} \right)_{T,P,Z_A} = \Delta H_V - T\Delta S_V + kT \ln \frac{Z_V}{Z_A + Z_V}. \tag{2.23}$$

Da $Z_V/(Z_A + Z_V)$ als „Platzkonzentration" praktisch gleich der Gitterkonzentration $[V_A^x]_G = Z_V/Z_A$ in (2.2) ist, gilt

$$[V_A^x]_G = K_V = \exp\left(\frac{\Delta S_V}{k}\right) \exp\left(-\frac{\Delta H_V}{kT}\right). \quad (2.24)$$

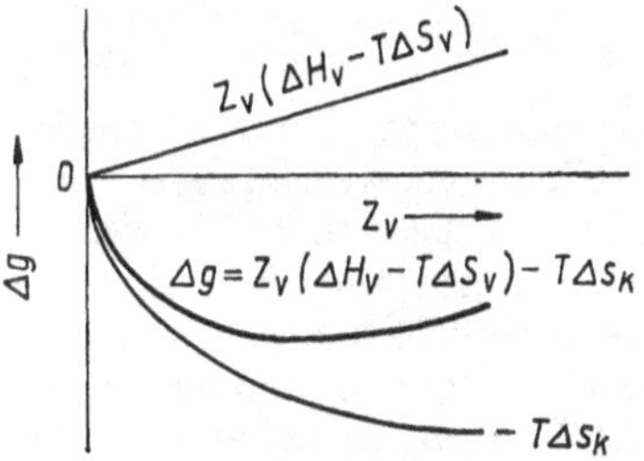

Abb. 24. Freie Enthalpieänderung Δg bei der Bildung von Vakanzen der Zahl Z_V mit dem Mischungsanteil (untere Kurve) und dem additiv aus den Einzelbeiträgen der Vakanzen zusammengesetzten Anteil (obere Gerade)

Damit haben wir das Massenwirkungsgesetz (2.19) für Elementkristalle bewiesen und zugleich die „Reaktionsisobare" für die Temperaturabhängigkeit der Gleichgewichtskonstanten der Reaktion (2.18) erhalten. Falls das Gleichgewicht bis $T = 0$ K aufrecht erhalten werden könnte, würde dort die Leerstellenkonzentration Null. Das entspricht dem *Nernst*schen Wärmesatz, nach dem am absoluten Nullpunkt im Gleichgewicht der von Gitterfehlern und thermischen Gitterschwingungen freie Idealkristall vorliegt. Tatsächlich bleiben aber stets eingefrorene Defekte aus dem Hochtemperaturgleichgewicht zurück (Abschn. 2.8.).

Allgemeine Behandlung von Störstellengleichgewichten

Nach dem gegebenen Muster lassen sich sämtliche Störstellenreaktionen behandeln. Da der Differentialquotient in (2.23) definitionsgemäß das chemische Potential μ_V einer Vakanz darstellt, gilt

$$\mu_V = \mu_{0V} + kT \ln [V_A^x]_G \quad (2.25)$$

mit $\mu_{0V} = \Delta H_V - T\Delta S_V$. Ein logarithmisch konzentrationsabhängiges Mischungsglied wird von der Statistik stets für Störstellen r im wechselwirkungsfreien Fall geliefert, so daß sich für das chemische Potential μ_r der allgemein in ideal verdünnten Lösungen gültige Ausdruck ergibt:

$$\mu_r = \mu_{0r} + kT \ln[r]. \tag{2.26}$$

μ_{0r} ist das konzentrationsunabhängige chemische Standardpotential[1]). Bei Störstellenwechselwirkungen, also bei höherer Konzentration [r], ist diese in (2.26) und in allen hieraus folgenden Beziehungen mit dem konzentrationsabhängigen Aktivitätskoeffizienten f_r zu multiplizieren. Er ist jedoch nur auf der Grundlage stark vereinfachender Modellvorstellungen berechenbar und experimentell erst für wenige Störstellen bekannt (z. B. für Dotanten in Elementhalbleitern).

Die thermodynamische Gleichgewichtsbedingung für die allgemeine Reaktion (2.14) $0 \leftrightharpoons \sum_r \nu_r r$ lautet

$$0 = \sum_r \nu_r \mu_r. \tag{2.27}$$

Für die Reaktion $0 \leftrightharpoons V_A^x$ ist das die aus (2.23) und (2.25) resultierende Bedingung $0 = \mu_V$. Wie diese Gleichgewichtsbedingung auf (2.24), so führt (2.27) mit (2.26) wieder auf das allgemeine Massenwirkungsgesetz (2.15) und die „Reaktionsisobare“

$$\prod_r [r]^{\nu_r} = K = \exp\left(\frac{\Delta S_0}{k}\right) \exp\left(-\frac{\Delta H}{kT}\right). \tag{2.28}$$

Dabei ist ΔS_0 die Standard-Reaktionsentropie und ΔH die Reaktionsenthalpie (die nur im nicht ideal verdünnten Fall konzentrationsabhängig wird und in dieser

---

[1]) Die bei Verwendung der Volumen- und der Gitterkonzentration resultierenden chemischen Standardpotentiale unterscheiden sich nach Gl. (2.2) um $(\mu_{0r})_V - (\mu_{0r})_G = kT \ln M/\varrho\, N_{AV}$. Sie stellen die chemischen Potentiale bei der Einheitskonzentration im Falle ideal verdünnten Verhaltens, also in einem Standardzustand dar, der bei Verwendung der Gitterkonzentration hypothetischen Charakter hat.

Gleichung durch die Standardgröße ΔH_0 zu ersetzen ist). Ihre Temperaturabhängigkeit ist gegenüber derjenigen von $\ln K$ gering, und ihre Druckabhängigkeit ist für Störstellenreaktionen in Gegenwart einer Gasphase praktisch stets vernachlässigbar. Sie sind Bestandteile der freien Standard-Reaktionsenthalpie

$$\Delta G_0 = \Delta H - T\Delta S_0 = \sum_r \nu_r \mu_{0r}; \tag{2.29}$$

$$\Delta G_0 = -kT \ln K. \tag{2.30}$$

Ebenso wie die bisher ausschließlich als Beispiele verwendeten Reaktionen innerhalb des Kristalls, also in homogener Phase, lassen sich heterogene Reaktionen behandeln. Bei Beteiligung der Gasphase können wir diese praktisch stets als ideal annehmen und benutzen die Partialdrücke P_r als Konzentrationsmaß. Als triviales Beispiel betrachten wir zunächst einen einfachen Phasenübergang, nämlich die Sublimation eines Ge-Kristalls nach

$$\mathrm{Ge}_{\mathrm{Ge}}^{\times} \leftrightharpoons \mathrm{Ge(g)}. \tag{2.31}$$

Diese Formulierung ist gleichbedeutend mit Ge(s) $\leftrightharpoons$ Ge(g), hebt aber hervor, daß der Kristall dabei um einen Gitterplatz ärmer wird, was in Zusammenhang mit Störstellenreaktionen wichtig ist. — Durch Anwendung der Reaktionsisobaren (2.28) folgt die *Clausius-Clapeyron*sche Dampfdruckgleichung

$$P_{\mathrm{Ge}} = K_{\mathrm{Subl}} = \exp\left(\frac{\Delta S_{\mathrm{Subl}}}{k}\right) \exp\left(-\frac{\Delta H_{\mathrm{Subl}}}{kT}\right), \tag{2.32}$$

da $[\mathrm{Ge}_{\mathrm{Ge}}^{\times}]_{\mathrm{G}} \approx 1$ ist. Allgemein wird die Konzentration der Grundgitterbausteine als praktisch konstant mit in die Gleichgewichtskonstante einbezogen. — Die Atomisierungs- oder Sublimationsenthalpie ΔH_{Subl} wird für die nachfolgende Betrachtung benutzt.

Abschätzung der Vakanzenbildungsenthalpie

Die theoretische Berechnung von Störstellenbildungsenthalpien und -entropien erfordert eine genaue Erfassung der chemischen Bindungsverhältnisse, die bereits für das Grundgitter sehr schwierig ist (Abb. 1). Deshalb ist man bisher weitgehend auf Abschätzungen angewiesen, für die wir ein einfaches Beispiel behandeln.

Bei der Vakanzenbildung nach Abb. 23 wird das betrachtete Atom durch den Übergang aus dem Kristallinneren in die Halbkristallage von der Hälfte seiner Wechselwirkungspartner befreit. Die andere Hälfte verliert es beim Übergang von dort in die Gasphase, der den „wiederholbaren Schritt" beim Sublimationsvorgang (2.31) darstellt. Daher wäre die Vakanzenbildungsenthalpie $\Delta H_\mathrm{V} = \Delta H_\mathrm{Subl}$, wenn die Atome, die um die Leerstelle mit zunächst unabgesättigten Bindungen zurückbleiben, nicht relaxieren würden unter Ausbildung neuer, energieärmerer Gleichgewichtslagen und Bindungsanordnungen. Wir haben also mit unserer großen Abschätzung nur eine obere Grenze erhalten. Experimentell wird, auch bei Metallen, oft

$$0{,}5 < \Delta H_\mathrm{V}/\Delta H_\mathrm{Subl} < 1 \tag{2.33}$$

gefunden. Die ΔH_V-Werte folgen aus der Temperaturabhängigkeit der Vakanzenkonzentration mit der Reaktionsisobaren (2.24), wobei eine Ionisation der Vakanzen zu berücksichtigen ist (Abschn. 3.5.). — Für genauere Abschätzungen bewährt sich ein Modell, bei dem die Vakanz wie ein makroskopischer Hohlraum behandelt und ΔH_V aus der Oberflächenenergie berechnet wird, allerdings liegt das Ergebnis immer noch etwas zu hoch.

Wie hier, so sind allgemein über die Veränderungen des Grundgitters im Bereich der Störstellen noch kaum exakte Aussagen möglich. Glücklicherweise kommt es bei den Abzählungen für die Statistik und bei der zugehörigen Bilanzierung in den Reaktionsgleichungen nur darauf an, daß in dem betrachteten Gitterbereich ein Atom fehlt, was durch das Störstellensymbol V zum Ausdruck gebracht wird. (Ebenso kommt es bei der Ladungsbilanzierung nur auf die Überschußladung an.)

2.4.2. *Besonderheiten bei Verbindungshalbleitern und bei Zwischengitterplätzen*

Für Verbindungen betrachten wir zunächst wieder die Vakanzenbildung durch den Übergang von Atomen in die Kristalloberfläche ohne Stoffaustausch mit der Umgebung und ohne Beteiligung anderer Störstellen (vgl. (2.18)). In AB-Verbindungen, in denen die Plätze des A- und des B-Teilgitters stets streng alternierend aufeinanderfolgen, können z. B. A-Vakanzen allein nur in sehr beschränktem Umfang gebildet werden nach

$$0 \to V_A^x. \tag{2.34}$$

Nachdem dabei z. B. eine Halbkristallage der Kristalloberfläche mit einem A-Atom besetzt wurde, muß erst wieder ein B-Atom angelagert werden bei der B-Vakanzenbildung nach

$$0 \to V_B^x, \tag{2.35}$$

damit der Prozeß fortschreiten kann. Entsprechendes gilt für jede andere Unterbringungsmöglichkeit von Atomen im Kristall (z. B. an Versetzungen). Der „wiederholbare Schritt", der der Behandlung des Gleichgewichts zugrunde zu legen ist, kann also nur die Kombination der Schritte (2.34) und (2.35) sein:

$$0 \leftrightharpoons V_A^x + V_B^x. \tag{2.36}$$

Mit (2.28) folgt hieraus das zuerst von *Schottky* angegebene Massenwirkungsgesetz

$$[V_A^x]\,[V_B^x] = K_S. \tag{2.37}$$

Lassen wir den Austausch von Atomen mit der Kristallumgebung zu, so können die Vakanzenkonzentrationen im Rahmen der Gültigkeit dieser Gleichung um Größenordnungen variiert werden, während sie in Elementen nach (2.19) bei gegebener Temperatur festliegt. Das kann entscheidende Auswirkungen auf das Halbleiterverhalten und andere Eigenschaften der Verbindungen haben (Abschn. 4.).

Wie bei (2.36), so muß bei der Formulierung aller Störstellenreaktionen von AB-Verbindungen das Verhältnis 1:1 der A- und B-Gitterplätze erhalten bleiben, wenn sie als Grundlage für Gleichgewichtsbetrachtungen dienen sollen. Für diese wichtigste Anwendung von Störstellenreaktionsgleichungen gilt dementsprechend die allgemeine Bilanzierungsforderung:
Das Zahlenverhältnis unterschiedlicher Plätze im Kristall, das durch die Gitterstruktur gegeben ist, *muß bei der Reaktion erhalten bleiben.* Ebenso wie anhand der Störstellensymbole die Atomzahlenbilanz und mit deren oberen Indices die Ladungsbilanz, so ist mit den unteren Indices als Drittes die *Platzbilanz* zu prüfen.

Demzufolge muß im allgemeinen Fall der Vakanzenbildung bei Verbindungen $A_aB_bC_c\ldots$ das Gleichgewicht durch $0 \leftrightharpoons aV_A{}^x + bV_B{}^x + cV_C{}^x + \cdots$ beschrieben werden, z. B. bei Cu_2O durch $0 \leftrightharpoons 2\,V_{Cu}^x + V_O{}^x$.

Zur weiteren Erläuterung untersuchen wir die Bildung substitutioneller Eigenstörstellen und lassen zunächst die Oberfläche sowie alle weiteren Unterbringungsmöglichkeiten für Atome (Versetzungen, Vakanzen, Zwischengitterplätze) außer Betracht. Als einzige Möglichkeit verbleibt dann in AB-Verbindungen der Platzaustausch

$$A_A{}^x + B_B{}^x \leftrightharpoons A_B{}^x + B_A{}^x. \tag{2.38}$$

Hier bleibt also das Zahlenverhältnis 1:1 der A- und B-Plätze mit völliger Strenge erhalten. Demgegenüber wird diese Forderung bei Einbeziehung der Oberfläche, wo gewisse Abweichungen vom 1:1-Verhältnis insbesondere durch eine unterschiedliche Zahl von A- und B-Halbkristallagen auftreten können, offensichtlich etwas gelockert. Also werden die Einzelprozesse $A_A{}^x \rightarrow A_B{}^x$ oder $B_B{}^x \rightarrow B_A{}^x$ (ebenso wie $0 \rightarrow V_A{}^x$ und $0 \rightarrow V_B{}^x$) in endlicher, wenn auch sehr geringer Zahl möglich. Diese Zahl reicht bei weitem nicht aus, um als Grundlage für die Anwendung des Massenwirkungsgesetzes zu dienen, da entsprechend seinem statistischen Charakter die Einzelprozesse beliebig oft wiederholbar sein müßten. Sie werden aus dieser Sicht manchmal als virtuelle, also „scheinbare“ Reaktionen bezeichnet. Ihre Betrachtung kann im Rahmen kinetischer Untersuchungen sowie zur Gewinnnug von Einzelwerten z. B. der Störstellenbildungsenthalpien durchaus sinnvoll sein[1]), stellt aber die Ausnahme dar.

Fragen der Störstellensymbolik

Die explizite Berücksichtigung der Bilanzierungsforderung für die Platzzahl erübrigt sich, wenn man ihr bereits bei der Definition der Störstellensymbole Rechnung trägt. Solche Symbole sind von *Schottky* vorgeschlagen worden und werden in einigen deutschsprachigen Darstellungen der Fehlordnungschemie (s. Buch-Anhang) benutzt. Ihr Zusammenhang mit den international bevorzugten *Kröger*-Symbolen, die wir sonst ausschließlich verwenden, ist z. B. für neutrale Substitutionsstörstellen und Vakanzen durch

$$A\,|B|^{\times} = A_B^{\times} - B_B^{\times} \quad \text{und} \quad |A|^{\times} = V_A^{\times} - A_A^{\times}$$

gegeben. Für uns ist wesentlich, daß die chemischen Potentiale der *Kröger*schen Einzelstörstellen, der sog. Strukturelemente, nur für derartige Kombinationen zu sog. Baueinheiten in die thermodynamische Gleichgewichtsbedingung (2.27) eingesetzt werden dürfen. Dem tragen wir durch das Einhalten der richtigen Platzbilanz für die Reaktionsgleichungen Rechnung.

Substitutioneller Einbau von Fremdstörstellen

Während bei Elementkristallen das Einbaugleichgewicht z. B. von Fremdstörstellen F_{Ge}^{x} in Ge aus der Gasphase durch

$$F(g) \leftrightharpoons F_{Ge}^{x} \tag{2.39}$$

---

[1]) Derartige Einzelwerte sind bereits für Vakanzen in $A^{I}B^{VII}$-Verbindungen sowohl theoretisch als auch experimentell bestimmt worden.

wiederzugeben ist, müssen bei AB-Kristallen zusätzliche Reaktionspartner für die richtige Platzzahlbilanz sorgen. Das kann beispielsweise bei der Bildung von F_B^x nach

$$F(g) + A(g) \leftrightharpoons F_B^x + A_A^x \tag{2.40}$$

durch gemeinsamen Einbau mit A-Atomen geschehen. Eine andere Möglichkeit ist die gemeinsame Bildung mit A-Vakanzen nach $F(g) \leftrightharpoons F_B^x + V_A^x$, die ihrerseits auch nach dem weiter oben erwähnten Prozeß $A_A^x \leftrightharpoons A(g) + V_A^x$ entstehen können. Die Kombination dieser beiden Reaktionen führt wieder auf (2.40), ebenso wie andere Formulierungen, die nach dem Prinzip vom detaillierten Gleichgewicht möglich und auch gebräuchlich sind.[1])

Die Massenwirkungsgesetze zu den Gleichgewichten (2.39) und (2.40) lauten

$$\frac{[F_{Ge}^x]}{P_F} = K_H; \tag{2.41}$$

$$\frac{[F_B^x]}{P_F P_A} = K_{Verb}. \tag{2.42}$$

(2.41) ist ein Beispiel für das *Henry*sche Gesetz, nach dem die Gleichgewichtskonzentration eines Lösungspartners seinem Partialdampfdruck über der Lösung proportional ist. Für AB-Verbindungen ist dies nach (2.42) nur der Fall, wenn der A-Partialdruck konstant gehalten wird, was für Dotierungsvorgänge wesentlich ist. Als „Lösungspartner" ist in beiden Fällen das neutrale F^x zu betrachten, während für ionisierte Störstellen komplizierte Zusammenhänge vorliegen, die in Abschn. 2.6.1. behandelt werden.

Wird in den Einbaugleichgewichten (2.39) und (2.40) die ideale Gasphase durch eine idealverdünnte Schmelz-

---

[1]) Man muß in solchen Fällen bei aller Vielfalt der Formulierungsmöglichkeiten der Fehlordnungschemie das Wesentliche im Auge behalten, das hier in der zusätzlichen experimentellen Steuerbarkeit der Kristallzusammensetzung – und damit auch der Vakanzenkonzentration – durch das Angebot von A-Atomen aus der Gasphase besteht (vgl. Abschn. 4.4.1).

lösung des Dotanten F ersetzt, so ergeben sich völlig analoge Verhältnisse, wobei der *Nernst*sche Verteilungssatz an die Stelle des *Henry*schen Gesetzes tritt.

Berücksichtigung von Zwischengitterplätzen

Die Anzahl der Zwischengitterplätze eines Kristalls steht zur Anzahl seiner Gitterplätze in einem festen, durch die Kristallstruktur gegebenen Verhältnis. Dieses bleibt bei Störstellenreaktionen ebenso wie das Zahlenverhältnis unterschiedlicher Gitterplätze unverändert. Dementsprechend wurde oben die Bilanzierungsforderung für „Plätze im Kristall" formuliert, wobei Zwischengitterplätze, auch in Elementkristallen, mit einzubeziehen sind.[1])

Der Übergang eines A-Atoms von einem Gitter- auf einen Zwischengitterplatz ist somit für ein Element A oder eine AB-Verbindung zu formulieren:

$$A_A^x + V_i^x \leftrightharpoons V_A^x + A_i^x\,{}^{2)}. \tag{2.43}$$

Die Konzentration unbesetzter Zwischengitterplätze $[V_i^x]$ ist ebenso wie $[A_A^x]$ sehr groß und soll gegenüber den Störstellenkonzentrationen gleichfalls als praktisch unveränderlich betrachtet werden. Dann erscheint sie hier — und auch in komplizierteren Fällen, in denen sich die Anzahl der Plätze ändert — nicht explizit im Massenwirkungsgesetz mit der nach *Frenkel* bezeichneten Gleichgewichtskonstanten

$$[V_A^x]\,[A_i^x] = K_F. \tag{2.44}$$

Da in Elementen $[V_A^x] = K_V$, gilt liegt dort auch $[A_i^x]$ bei gegebener Temperatur fest, was in Verbindungen nicht der Fall ist (s. a. Abschn. 4.).

---

[1]) Bei den bisher formulierten Reaktionen, die ohne Beteiligung von Zwischengitteratomen ablaufen, konnte die explizite Berücksichtigung der Zwischengitterplätze unterbleiben. Diese sind in solchen Fällen mit in die Symbole für die Gitterplätze einbezogen.

[2]) In der Symbolik von *Schottky* wird das Zwischengitteratom durch $A^x = A_i^x - V_i^x$ bezeichnet, so daß die Reaktion $0 \leftrightharpoons |A|^x + A^x$ lautet.

2.5. *Zur statistisch-thermodynamischen Behandlung elektronischer Reaktionen*

Im Anschluß an die „chemische Statistik" des vorigen Abschnitts folgen nun elektronenstatistische Betrachtungen, die die kinetischen Aussagen des Abschn. 2.3. über elektronische Gleichgewichte untermauern und ergänzen, ohne für das Verständnis der weiteren Abschn. (2.6. ff.) unentbehrlich zu sein. Da die Elektronenstatistik in den Darstellungen der Halbleiterphysik (s. Buch-Anhang) breiten Raum einnimmt und die vollständige Durchrechnung auch nur eines Beispiels hier zu aufwendig wäre, sollen lediglich wichtige Teilschritte und Ergebnisse gebracht werden.

2.5.1. *Allgemeine statistische Aussagen über Kristallelektronen*

Nach der *Fermi*-Statistik ist die Besetzungswahrscheinlichkeit $F(E)$ eines Elektronenzustands der Energie E mit Elektronen gegeben durch die Verteilungsfunktion

$$F(E) = \frac{1}{1 + \exp \frac{E - \mu_e}{kT}}. \tag{2.45}$$

Das chemische Potential der Elektronen μ_e ist im Gleichgewicht, auf das sich Abb. 25 bezieht, mit der *Fermi*-Energie E_F identisch, solange kein makroskopisches elektrisches Potential (s. Abschn. 2.5.5.) berücksichtigt zu werden braucht. Man pflegt sie mit in das Energiebänderschema einzutragen und kann aus ihrem Abstand zu einem Term auf dessen Besetzungsstand schließen. Bei einer Energie E, die mit μ_e zusammenfällt, ergibt sich aus (2.45) die Besetzungswahrscheinlichkeit

$$F(\mu_e) = 1 - F(\mu_e) = 1/2. \qquad (2.46)$$

Dieser Wert liegt bei nicht zu hoch dotierten Halbleitern im Inneren und beim Eigenhalbleiter nahe der Mitte der verbotenen Zone (Abb. 25) vor. Der Übergang von $F(E) \approx 0$ auf $F(E) \approx 1$ erfolgt innerhalb weniger Viel-

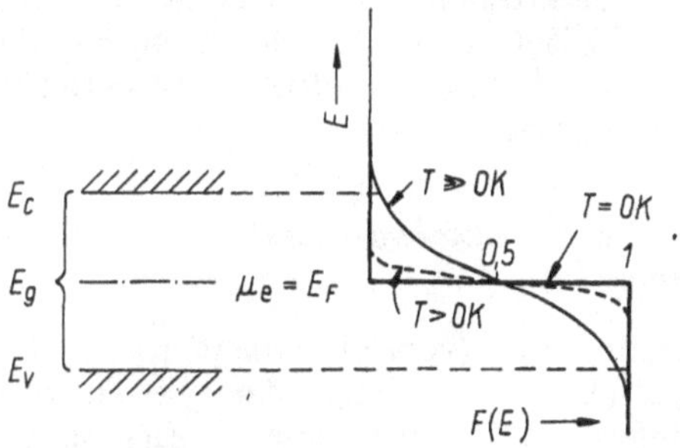

Abb. 25. Energiebänderschema (links) und Besetzungswahrscheinlichkeit $F(E)$ von Elektronenzuständen der Energie E im Eigenhalbleiter. Mit steigender Temperatur T wird die energetische Verteilung der Elektronen zunehmend aufgelockert

facher von kT, während der Bandabstand E_g und damit $E - \mu_e$ für die E-Werte der Bänder normalerweise um Größenordnungen höher als kT liegt. Dann kann die Besetzungswahrscheinlichkeit im Leitungsband unter Vernachlässigung der 1 im Nenner von (2.45) wiedergegeben werden durch

$$F(E) = \exp \frac{\mu_e - E}{kT}. \qquad (2.47)$$

Für die Besetzungswahrscheinlichkeit mit Defektelektronen $1 - F(\mu_e)$ ergibt sich für Terme im Valenzband analog:

$$1 - F(E) = \exp \frac{E - \mu_e}{kT}. \qquad (2.48)$$

Das entspricht dem Übergang zur *Boltzmann*-Statistik als dem Grenzfall der *Fermi*-Statistik für so geringe Besetzungswahrscheinlichkeiten, daß ein Elektronenzustand meist kein, höchstens aber ein Elektron bzw. Defektelektron enthält und somit die Beschränkung der Besetzungszahl durch das *Pauli*-Prinzip keine Wirkung mehr hat. In dieser Vereinfachung liegt ein entscheidender Grund zur Verwendung des Begriffs der Defektelektronen im Valenzband, die gemeinsam mit den Leitungsbandelektronen durch die gleiche Statistik erfaßt werden, wie atomare Störstellen und andere Reaktionspartner.

2.5.2. *Die chemischen Potentiale der elektronischen Ladungsträger*

Bei Berücksichtigung der (von uns nicht näher betrachteten) energetischen Verteilung der Terme des Leitungsbandes liefert (2.47) für dessen Elektronen formal dasselbe chemische Potential wie für ein ideales Elektronengas der potentiellen Energie E_C (Leitungsbandunterkante):

$$\mu_e = E_C + kT \ln \frac{n}{N_C}. \tag{2.49}$$

Das entspricht dem allgemeinen Ansatz (2.26) für ideal verdünnte Lösungen mit einer Elektronenkonzentration im Standardzustand N_C. Sie enthält die effektive Elektronenmasse m_e^* anstelle der tatsächlichen Masse m, wodurch ebenso wie durch E_C der Einfluß der Gitterkräfte berücksichtigt wird, die beim „Auflösen" der Elektronen im Kristall wirksam werden. Es gilt[1])

$$N_C = 2 \left(\frac{2\pi m_e^* kT}{h^2} \right)^{3/2}. \tag{2.50}$$

---

[1]) Bei einem atomaren Gas mit m_e^* als Atommasse fiele lediglich der Faktor 2 vor der Klammer in (2.50) fort, der aus den beiden Einstellungsmöglichkeiten des Elektronenspins resultiert. — Weitere, energetisch gleiche Elektronen-

N_C wird meist als *effektive Zustandsdichte des Leitungsbandes* bezeichnet, da der Vergleich von (2.47) und (2.49) $F(E_C) = n/N_C$ ergibt. Die Gesamtheit der Zustände des Leitungsbandes kann also zur Berechnung der Elektronenkonzentration n durch Zustände der einheitlichen Energie E_C und der Konzentration N_C ersetzt werden.

Für $m_e{}^* = m$ und Raumtemperatur ist $N_C = 2{,}5 \times 10^{19}\,\mathrm{cm}^{-3}$. Das sind über 3 Größenordnungen weniger als die Konzentration der Grundgitteratome, von denen jedes mindestens einen Term zum Leitungsband beisteuert (Abschn. 1.). Bei typischen Halbleitern, bei denen $m_e{}^*$ von ähnlicher Größenordnung wie m ist, wird also nur ein geringer, unterer Teil dieses Bandes für die Besetzbarkeit mit Elektronen „effektiv". Bei schmaleren Bändern wird $m_e{}^*$ und damit N_C größer, entsprechend der Besetzungsmöglichkeit für zusätzliche Terme, die energetisch an die Leitungsbandunterkante heranrücken. Schließlich verliert die Näherung der effektiven Masse ihren Sinn, und die effektive Zustandsdichte kann in die Größenordnung der Konzentration der Grundgitterbausteine gelangen. Im Falle des besonders anschaulichen „Hopping"- Mechanismus im Grundgitter (Abschn. 2.2.2.1.) ist das die Konzentration der Plätze, die die Ladungsträger für den Stromtransport einnehmen können[1]). Der Funktionalzusammenhang (2.49) und die daraus folgenden Massenwirkungsgesetze bleiben – bei geänderten Konstanten – unabhängig vom Stromtransportmechanismus erhalten.

Für Defektelektronen gelten analoge Betrachtungen, bei denen man in (2.48) die Energie E und das chemische Potential μ_e der Valenzbandelektronen durch $-E$

---

zustände sind gegebenenfalls durch einen zusätzlichen statistischen Gewichtsfaktor zu berücksichtigen.

[1]) Aus dem Problem der energetischen Elektronenverteilung im Band ist also wieder ein räumliches Verteilungsproblem auf energetisch gleiche Zustände geworden wie bei der Vakanzenverteilung in Abschn. 2.4.1. Der Gitterkonzentration in Gl. (2.25) entspricht n/N_C im Hopping-Fall.

und $-\mu_h$ zu ersetzen hat mit dem Resultat für das chemische Potential

$$\mu_h = -E_V + kT \ln \frac{p}{N_V}. \qquad (2.51)$$

N_V ist die *effektive Zustandsdichte im Valenzband* und enthält die effektive Masse der Defektelektronen m_h^*:

$$N_V = 2\left(\frac{2\pi m_h^* kT}{h^2}\right)^{2/3}. \qquad (2.52)$$

Entartung

In hochdotierten Halbleitern können die Konzentrationen der Ladungsträger so groß werden, daß diese (aus der Sicht der klassischen *Boltzmann*-Statistik) entartet sind und wegen der hohen Besetzungswahrscheinlichkeiten auf die *Fermi*-Statistik zurückzugehen ist. Das entspricht einem *Fermi*-Niveau im Inneren der erlaubten Bänder (wie für Metalle) bei $E_F > E_C$ bzw. $E_F < E_V$, was nach (2.49) bzw. (2.51) bei $n > N_C$ bzw. $p > N_V$ eintritt. Deshalb werden die effektiven Zustandsdichten N_C und N_V auch als Entartungskonzentrationen der Leitungsband- bzw. Defektelektronen bezeichnet. — (2.49) und (2.51) können mit guter Näherung noch bis zu um eine Größenordnung höheren Ladungsträgerkonzentrationen verwendet werden, weil der Entartungseinfluß insbesondere durch *Coulomb*-Wechselwirkungen derart kompensiert wird, daß die Aktivitätskoeffizienten der Ladungsträger nahe bei 1 bleiben.

2.5.3. Das Elektronen-Defektelektronen-Gleichgewicht

Die allgemeine Gleichgewichtsbedingung (2.27) führt für das Gleichgewicht $0 \leftrightarrows e' + h^{\cdot}$ auf

$$E_F = \mu_e = -\mu_h. \qquad (2.54)$$

Die chemischen Potentiale der Leitungsbandelektronen (μ_e) und der Valenzbandelektronen ($-\mu_h$) sind dann also — ebenso wie für alle übrigen Elektronen des Kristalls — gleich und durch die *Fermi*-Energie gegeben[1]). Beim Einsetzen von (2.49) und (2.51) ergibt sich mit $E_C - E_V = E_g(T)$

$$np = n_i^2 = N_C N_V \exp\left(-\frac{E_g(T)}{kT}\right). \qquad (2.55)$$

Damit haben wir zugleich mit dem Massenwirkungsgesetz (2.9) und der Temperaturabhängigkeit der Gleichgewichtskonstanten (2.10) jetzt auch den Präexponentialfaktor erhalten.

Die statistischen Betrachtungen geben weiterhin Aufschluß über die thermodynamische Natur der Energiegrößen des Bänderschemas, wie im folgenden nur angedeutet werden kann. Der Vergleich des allgemeinen Ausdrucks für das chemische Potential (2.26) mit (2.49) und (2.51) liefert für die chemischen Standardpotentiale der Ladungsträger

$$\mu_{0e} = E_C \quad \text{und} \quad \mu_{0h} = -E_V .$$

Durch Anwendung von (2.29) folgt als freie Standard-Reaktionsenthalpie für $0 \leftrightharpoons e' + h^{\cdot}$

$$\Delta G_{0g} = \mu_{0e} + \mu_{0h} = E_C - E_V = E_g(T). \qquad (2.56)$$

Bei Berücksichtigung der bisher noch nicht näher betrachteten Temperaturabhängigkeit des Bandabstands E_g erweist er sich also als eine *freie Enthalpie,* ebenso wie die „Elektronenaffinität" E_C und die „Ionisierungsenergie" E_V des Halbleiterkristalls. Sie enthalten bei $T > 0$ K Entropieanteile, die durch die Wechselwirkung der Ladungsträger mit dem Kristallgitter bedingt sind.

---

[1]) Die im Nichtgleichgewicht voneinander verschiedenen chemischen Potentiale von Teilkollektiven der Elektronen (im Leitungsband, im Valenzband oder in Störtermen) werden als deren Quasi-*Fermi*-Energien bezeichnet.

Allgemein nimmt der Bandabstand mit der Temperatur ab[1]), im einfachsten Falle linear nach

$$E_g(T) = E_g(0) - \alpha T. \qquad (2.57)$$

Hiermit führt (2.55) auf $N_C N_V \exp(\alpha/k) = K_{0g}$ in $K_g = K_{0g} \exp\left(-E_g(0)/kT\right)$. Dies entspricht (2.10) und (2.13), in denen wir E_g zunächst als Bandabstand oder Änderung der inneren Energie am absoluten Nullpunkt deklariert haben, um uns nicht zu weit von der in der Festkörperphysik üblichen Bezeichnungsweise zu entfernen. Für die exakte Analyse experimenteller Daten über elektronische Gleichgewichte, insbesondere bei Einbeziehung hoher Präparationstemperaturen, wird neuerdings in zunehmendem Maße der hier skizzierte chemisch-thermodynamische Formalismus herangezogen.

2.5.4. *Ionisierungsgleichgewichte von Störstellen*

Wir betrachten das Ionisierungsgleichgewicht $D^\times \leftrightarrows D^\cdot + e'$ von Donatortermen bei $E_C - E_d = E_D$ (Abb. 15). Wird von geringfügigen Besonderheiten der Statistik von Störtermen abgesehen, so sind diese wie die Terme der Bänder mit der *Fermi*-Verteilungsfunktion (2.45) zu behandeln. Daraus ergibt sich die Besetzungswahrscheinlichkeit als Verhältnis der Anzahl der besetzten zur Gesamtzahl der Störterme:

$$F(E_D) = \frac{1}{1 + \exp\dfrac{E_D - \mu_e}{kT}} = \frac{[D^\times]}{[D^\cdot] + [D^\times]}. \qquad (2.57)$$

---

[1]) Nach (2.29) und (2.56) gilt $E_g(T) = \Delta H_g - T\Delta S_{0g}$, wobei die Reaktionsenthalpie ΔH_g beispielsweise für die vier in Abb. 21 gezeigten Halbleiter mit T leicht zunimmt, was aber durch den Einfluß des Entropiegliedes überkompensiert wird. Für Si beträgt $E_g(0) = 1{,}17$ eV, $E_g(300) = 1{,}12$ eV und am Schmelzpunkt $E_g(1685) = 0{,}59$ eV.

Also ist

$$\frac{[D^{\cdot}]}{[D^{\times}]} = \exp \frac{E_D - \mu_e}{kT}. \tag{2.58}$$

Setzen wir das hierin enthaltene chemische Potential der Elektronen in den Störtermen μ_e demjenigen der Leitungsbandelektronen aus (2.49) gleich, womit wir uns auf den Gleichgewichtsfall sowie auf Nichtentartung festlegen, so wird

$$\frac{[D^{\cdot}]}{[D^{\times}]} = K_d = N_C \exp\left(-\frac{E_d(T)}{kT}\right). \tag{2.59}$$

Das entspricht (2.11) und (2.13), wobei wir jetzt ein temperaturabhängiges $E_d(T) = E_C - E_D$ eingesetzt haben, das ebenso wie E_C, E_D oder $E_g(T)$ in (2.56) eine freie Enthalpie darstellt und sich aus den chemischen Standardpotentialen der Reaktionspartner zusammensetzt[1]). In der Praxis darf jedoch über nicht zu große Temperaturintervalle mit konstanten Termlagen gerechnet werden.

Für das Ionisierungsgleichgewicht $A^{\times} \leftrightarrows A' + h^{\cdot}$ von Akzeptortermen (Abb. 15) ergibt sich völlig analog als Präexponentialfaktor im Ausdruck für die Temperaturabhängigkeit der Gleichgewichtskonstanten K_a die effektive Zustandsdichte im Valenzband N_V:

$$\frac{[A']\,p}{[A^{\times}]} = K_a = N_V \exp\left(-\frac{E_a(T)}{kT}\right). \tag{2.60}$$

Bei hohen Konzentrationen ist außer der Entartung die Wechselwirkung zwischen den Störstellen zu berücksichtigen. Sie kann bei flachen Termlagen erheblich werden, da hier die Orbitale nach dem Wasserstoff-

---

[1]) Neben Entropieanteilen, die durch die Gittereinflüsse bedingt sind, erfaßt $E_d(T)$ auch die erwähnten Besonderheiten der Statistik der Störterme. — Hiervon abgesehen, entspricht (2.59) der bekannten *Saha*-Gleichung für die Ionisierung von Atomen D in der Gasphase unter Bildung eines Plasmas.

modell (Abschn. 2.2.1.) modifizierte *Bohr*sche Radien von einigen 10 Å besitzen. Bereits bei Konzentrationen von 10^{18} cm^{-3}, entsprechend mittleren Störstellenabständen von 10^{-6} cm = 100 Å, ist daher mit einer Wechselwirkung der Orbitale unter energetischer Aufspaltung (wie bei den Grundgitteratomen im Abschn. 1.2.1.) und Bildung eines schmalen *Störbandes* zu rechnen.

Die Störstellen können dann ohne Vermittlung der Bänder des Grundgitters Ladungsträger austauschen[1]), was sich allerdings nur bei sehr tiefen Temperaturen ($< 10\,K$) bemerkbar macht, weil sonst der Ladungstransport im Leitungs- bzw. Valenzband dominiert. Mit diesen Bändern können sich die Störbänder der Donatoren bzw. Akzeptoren bei noch höherer Konzentration überlappen, so daß die Ionisierungsenergie verschwindet. –

Ehe die hier gewonnenen Erkenntnisse über elektronische Gleichgewichte in Abschn. 2.6. am Beispiel veranschaulicht und mit Aussagen über atomare Prozesse kombiniert werden, wollen wir noch die Auswirkungen elektrischer Felder im Kristall untersuchen.

2.5.5. *Elektrochemische Potentiale*

Während das von den Kristallatomen hervorgerufene, gitterperiodische elektrische Potential (Abschn. 1.3.) für die elektronischen Ladungsträger und die geladenen Störstellen bereits durch das Bändermodell und somit durch das chemische Potential erfaßt ist, müssen *makroskopische* elektrische Potentiale zusätzlich berücksichtigt werden. Das gilt zumindest dann, wenn sie ortsabhängig sind, also nicht willkürlich gleich Null gesetzt werden können. Makroskopisch ortsveränderliche Potentiale entstehen, außer durch Anlegen äußerer Felder, spontan

---

[1]) Das gilt auch für Hopping-Prozesse (Abschn. 2.2.2.1.) zwischen den Störstellen, die bereits bei geringeren Konzentrationen auftreten können.

an Phasengrenzen oder beim Vorliegen von Konzentrationsgradienten der Störstellen (s. Abb. 22 sowie die Abschnitte 3 und 5).

Das elektrische Makropotential φ verleiht einer Störstelle oder einem Ladungsträger r der (Überschuß-) Ladung $z_r e$ die elektrostatische potentielle Energie $z_r e\varphi$. Wird sie zum chemischen Potential addiert, so ergibt sich das elektrochemische Potential

$$\tilde{\mu}_r = \mu_r + z_r e\varphi, \tag{2.61}$$

also für den ideal verdünnten Fall mit (2.26)

$$\tilde{\mu}_r = \mu_{0r} + z_r e\varphi + kT \ln [r]. \tag{2.62}$$

Die besondere Bedeutung der elektrochemischen Potentiale liegt darin, daß sie *im Gleichgewicht stets ortsunabhängig* sind, so daß sich die Konzentration [r] geladener Reaktionspartner mit dem Potential φ ändert.

An dieser Stelle können wir die Definition der *Fermi*-Energie für den allgemeinen Fall nachholen, in dem sie durch das elektrochemische Potential der Elektronen ($z_r = -1$) im Gleichgewicht gegeben ist:

$$E_F = \tilde{\mu}_e = \mu_e - e\varphi \quad \text{im Gleichgewicht}. \tag{2.63}$$

Für nichtentartete Leitungsbandelektronen gilt dann mit (2.49)

$$E_F = E_C - e\varphi + kT \ln \frac{n}{N_C}. \tag{2.64}$$

Wegen der Ortsunabhängigkeit von E_F wird beispielsweise im *pn*-Übergang der Abb. 22, wo die elektronischen Gleichgewichte (im Unterschied zu den atomaren) eingestellt sind, die Leitungsbandunterkante ($E_C - e\varphi$) mit n ortsabhängig, d. h. es treten „Bandverbiegungen" auf. Dabei bleibt E_C als stoffspezifische Elektronenaffinität konstant, während φ sich in Zusammenhang mit Raumladungen ändert, die durch teilweise Wegdiffusion der Ladungsträger von den Störstellen im

Konzentrationsgradienten entstehen[1]). Diese Verhältnisse werden ausführlich in den Darstellungen der Halbleiterelektronik behandelt; wir beweisen hier lediglich noch die Gültigkeit des Massenwirkungsgesetzes $np = n_i^2$ bei ortsveränderlichem Potential, also ortsveränderlichen Einzelkonzentrationen n und p.

Die allgemeine Bedingung für das *elektrochemische Gleichgewicht* der Reaktion $0 \leftrightarrows \sum_{r} \nu_r r$ lautet

$$0 = \sum_{r} \nu_r \tilde{\mu}_r . \tag{2.65}$$

Für das Gleichgewicht $0 \leftrightarrows e' + h^{\cdot}$ resultiert hieraus wegen $z_h = +1$ und $z_e = -1$ wieder (2.54) und damit das alte Massenwirkungsgesetz, da sich die Reaktionspartner auf dem gleichen Potential φ befinden. Letzteres ist allgemein für homogene Reaktionen der Fall, für die dementsprechend (2.65) mit der allgemeinen chemischen Gleichgewichtsbedingung (2.27) zusammenfällt; denn die Ladungsbilanzierung erfordert für jede Reaktion $\sum_{r} \nu_r z_r = 0$.

Für *heterogene* Reaktionen, bei denen sich Reaktionspartner r in unterschiedlichen Phasen und damit auf unterschiedlichem Potential $(\varphi)_r$ befinden, gilt demgegenüber im elektrochemischen Gleichgewicht mit (2.65)

$$-e \sum_{r} \nu_r z_r (\varphi)_r = \sum_{r} \nu_r \mu_r = \Delta G . \tag{2.66}$$

Die linke Seite stellt als Produkt aus Ladung und Potentialdifferenz die reversible elektrische Arbeit dar, die bei einem Formelumsatz geleistet werden kann, wenn die Reaktion den stromliefernden Vorgang einer galvanischen Zelle darstellt. Ist diese Arbeit und damit die freie Reaktionsenthalpie ΔG von Null verschieden, so

[1]) Indiziert man die Größen des homogenen n- bzw. p-Gebietes in Bild 22 mit n bzw. p, so führt $(E_F)_n = E(_F)_p$ auf $(kT/e) \ln(n_n/n_p) = \varphi_n - \varphi_p$. Diese Potentialdifferenz stellt eine Diffusionsspannung dar, die z. B. mit $n_n/n_p = 10^{10}$ (Abb. 22) bei Raumtemperatur 0,6 V beträgt.

liegt kein chemisches Gleichgewicht vor. — Als Anwendungsbeispiel für (2.66) werden wir in Abschn. 5 die Oxydation des Siliziums behandeln.

2.6. Gekoppelte Gleichgewichte bei der Dotierung

Die gegenseitige Abhängigkeit der Gleichgewichtskonzentrationen für den in Kristallen praktisch stets vorliegenden Fall, daß mehrere Reaktionen miteinander gekoppelt sind, soll in Abschnitt 2.6.1. für ein einfaches Beispiel quantitativ behandelt werden. Dabei wird eine später häufig verwendete Näherungsmethode erläutert. In Abschn. 2.6.2. folgen allgemeine Angaben über Dotierungsverfahren.

2.6.1. Modellrechnung für die Konzentrationsverläufe

In einem Halbleiterkristall werde die Konzentration einfach ionisierbarer Fremddonatoren D durch Gleichgewichtseinstellung mit der Gasphase gesteuert, in der atomares D mit dem Partialdruck P_D vorliegt. Dieser

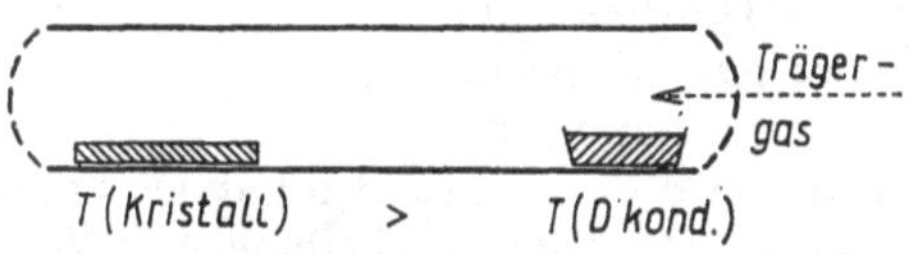

Abb. 26. Anordnung mit zwei Temperaturzonen zur Dotierung unter Zufuhr eines inerten Trägergases (z. B. Ar) oder in geschlossener Ampulle

kann beispielsweise nach Abb. 26 in einem Zweizonenofen auf der Grundlage der *Clausius-Clapeyron*schen Dampfdruckgleichung durch die Temperatur von kondensiertem D eingestellt werden, die unter der Temperatur des Halbleiterkristalls bleiben muß, um ein Überdestillieren zu vermeiden.

Die Konzentration atomarer Eigenstörstellen soll nicht dominieren und kann zunächst vernachlässigt werden. Dann sind für das Gleichgewicht in bzw. mit dem Kristall die 5 Konzentrationen

$$[\mathrm{D}^\times],\ [\mathrm{D}^\cdot],\ n,\ p,\ \text{und}\ P_\mathrm{D}$$

in ihrer gegenseitigen Abhängigkeit zu berechnen unter Verwendung der in den vorangegangenen Abschnitten bereitgestellten Massenwirkungsgesetze

$$np = n_\mathrm{i}^2 \quad (2.67); \qquad \frac{[\mathrm{D}^\cdot]\, n}{[\mathrm{D}^\times]} = K_\mathrm{d} \quad (2.68); \qquad \frac{[\mathrm{D}^\times]}{P_\mathrm{D}} = K_\mathrm{D}. \quad (2.69)$$

Sie sind durch gleiche Konzentrationen n bzw. $[\mathrm{D}^\times]$ der gemeinsamen Reaktionspartner miteinander gekoppelt. Die letzte Gleichung entspricht dem *Henry*schen Gesetz (2.41) für Elementhalbleiter und soll auch für Verbindungshalbleiter gelten, wozu bei substitutionellem D-Einbau nach (2.42) der Partialdruck des substituierten Grundgitterbestandteils konstant zu halten und mit in K_D einzubeziehen ist[1]).

Zusätzliche gekoppelte Gleichgewichte sind in der Gasphase zu berücksichtigen, wenn der Dotant dort nicht überwiegend atomar, sondern in Molekülen vorliegt, beispielsweise Phosphor oder Arsen als P_4 bzw. As_4. Im Gleichgewicht $D_4(g) \leftrightarrows 4D(g)$ ist $P_\mathrm{D}^4/P_{\mathrm{D}_4} = K_4$, so daß für die zusätzliche Konzentration P_{D_4} eine zusätzliche Bestimmungsgleichung zur Verfügung steht. Entsprechendes gilt bei dem in der Praxis dominierenden Einsatz der Dotanten in der Form leichtflüchtiger Verbindungen (Abschn. 2.6.2.). Das Grundproblem der Konzentrationsberechnung im Kristall bleibt dabei ungeändert, so daß wir uns hier auf (2.67) bis (2.69) stützen können.

Als vierte Gleichung gelte die Elektroneutralitätsbedingung

$$n = [\mathrm{D}^\cdot] + p. \qquad (2.70)$$

---

1) Für den interstitiellen Einbau nach $D(g) + V_\mathrm{i}^\times \leftrightarrows D_\mathrm{i}^\times$ ist das nicht erforderlich.

Weitere unabhängige Gleichungen zwischen unseren 5 Konzentrationen existieren nicht[1]). Bei vorgegebener Kristalltemperatur liegen alle Gleichgewichtskonstanten fest, und mit der Wahl des experimentell steuerbaren P_D als unabhängige Variable sind die 4 Konzentrationen im Kristall als abhängige Variable gegeben.

Ihre exakte Berechnung ist leicht möglich; beispielsweise gilt $n = (n_i^2 + K_d K_D P_D)^{1/2}$. Entsprechend lassen sich auch die anderen Konzentrationen durch P_D und die Gleichgewichtskonstanten ausdrücken. Im Hinblick auf spätere, kompliziertere Fälle, deren exakte Lösung zu unübersichtlich werden kann, wollen wir stattdessen nach einer allgemein anwendbaren Näherungsmethode vorgehen.

Sie beruht darauf, daß *in der Neutralitätsbedingung* — und ebenso in jeder anderen evtl. auftretenden Summenrelation zwischen den Konzentrationen — *auf jeder Seite die Konzentrationen bis auf eine vernachlässigt werden.* Aus (2.70) ergeben sich so die Approximationen

I: $n = p$	II: $n = [D^\cdot]$

Sie führen mit (2.67) bis (2.69) zu den Näherungslösungen

I	II
$n = p = n_i$ (2.71)	$n = [D^\cdot] = (K_d K_D P_D)^{1/2}$ (2.73)
$[D^\cdot] = n_i K_d K_D P_D$ (2.72)	$p = n_i^2 (K_d K_D P_D)^{-1/2}$ (2.74)

Hieraus und aus (2.69) für die neutralen Störstellen ergeben sich in der doppeltlogarithmischen Abb. 27a lineare Verläufe. Der Eigenleitungs-Fall I muß, beginnend mit $P_D = 0$, zuerst auftreten. Wegen der Zunahme von $[D^\cdot]$ wird diese Approximation mit wachsendem P_D schlechter und verliert schließlich ihren Sinn, wenn

---

[1]) Man kann zwar weitere Massenwirkungsgesetze mit diesen Konzentrationen aufstellen, z. B. $[D^\cdot]/([D^\times]\,p) = K$ für die Reaktion (2.16). Dies ist aber keine zusätzliche unabhängige Gleichung, sondern lediglich eine Kombination der Gleichungen (2.67) und (2.68) mit $K = K_g/K_d$. Entsprechendes gilt bei jeder anderen Wahl der Reaktionen zwischen den 5 Reaktionspartnern; d. h., es gibt genau 4 unabhängige Gleichungen.

$n = p$ aus (2.71) gleich $n = [D^{\cdot}]$ aus (2.73) wird, also bei

$$(P_D)_{I,II} = n_i^2/(K_d K_D). \qquad (2.75)$$

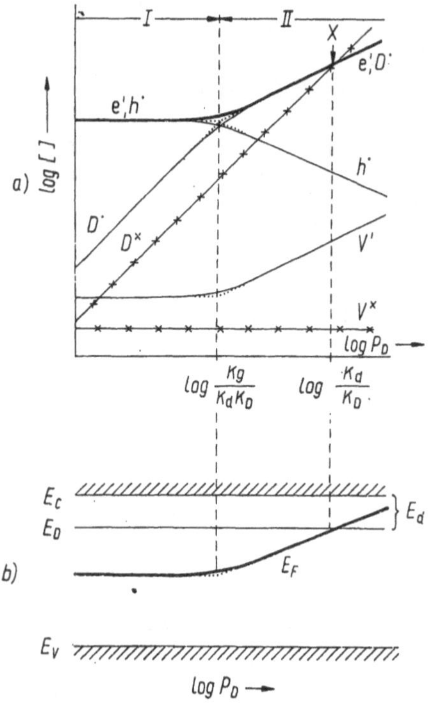

Abb. 27. a) Konzentrationen der an den Kurven angegebenen Defekte in Abhängigkeit vom Partialdurck P_D bei konstanter Temperatur. Approximationen punktiert

b) Zugehöriger Verlauf des *Fermi*-Niveaus E_F im Energiebänderschema, durch angepaßte Maßstabswahl parallel zu log n in a)

Von hier an ist die Approximation II zu verwenden, die einer Störstellenleitung vom n-Typ entspricht und mit wachsendem P_D besser wird. Da sich die Konzentrationen experimentell über viele Größenordnungen verändern lassen, ist das Übergangsgebiet, in dem die linearen von den exakten Zusammenhängen merklich abweichen, relativ schmal.

Ein weiterer markanter Punkt liegt in Abb. 27a am Schnitt X der Verläufe von [D˙] und [D^x] vor, der nach (2.69) und (2.73) bei

$$(P_D)_X = K_d/K_D \tag{2.75a}$$

eintritt. Hier erfolgt der Übergang zwischen

[D˙] > [D^x], d. h. „Störstellenerschöpfung", und
[D˙] < [D^x], d. h. „Störstellenreserve"

hinsichtlich der Lieferfähigkeit für Leitungselektronen. Dazu muß offensichtlich, wie in Abb. 27 vorausgesetzt, $(P_D)_X > (P_D)_{I,II}$ und somit $K_d > n_i$ sein, da anderenfalls bis $P_D = 0$ Störstellenreserve vorliegt. Mit (2.55) und (2.59) bedeutet das $E_d < E_g/2$, wenn wir zur Abschätzung $N_C = N_V$ (d. h. $m_e^* = m_h^*$) setzen. Die Donatorterme müssen also in der oberen Hälfte der verbotenen Zone liegen, wenn Störstellenerschöpfung überhaupt auftreten soll.

Die Terme dürfen aber auch nicht zu flach unter dem Leitungsband liegen, da sonst bei Annäherung an $(P_D)_X$ mit Entartung und Bildung eines Störbandes gerechnet werden muß, das schließlich mit dem Leitungsband verschmilzt (Abschn. 2.5.4.). Das tritt z. B. für die flachen Donatoren aus der 3. Gruppe in Ge und Si ein, für die deshalb der Übergang zur Störstellenreserve mit steigender Konzentration im Hochtemperaturgleichgewicht gar nicht beobachtbar ist. Dagegen kann dieser Übergang bei tiefen Temperaturen realisiert werden, wo er bereits bei geringerer Konzentration eintritt (Abschn. 2.8.).

Die obere Grenze, bis zu der P_D im Gleichgewicht mit dem Kristall gesteigert werden kann, ist durch den Partialdruck $(P_D)_S$ über der gesättigten festen Lösung gegeben. Die Realisierung von Störleitung und Störstellenreserve setzt gemäß (2.75) und (2.75a) voraus, daß n_i^2/K_dK_D und K_d/K_D kleiner als $(P_D)_S$ sind.

Wir haben bei der Modellrechnung die Gleichgewichtskonstanten als bekannt angenommen. Ihre Werte können aus experimentell ermittelten Konzentrationsverläufen erhalten werden. Im vorliegenden Beispiel genügen dazu n und p (aus *Hall*-Effekt- bzw. Leitfähigkeits- und Beweglichkeitsdaten) sowie die chemisch-analytisch zu bestimmende Totalkonzentration der Donatoren $[D]_{tot} = [D^{\cdot}] + [D^{x}]$. Bei Übereinstimmung der gemessenen mit den durch die Modellrechnung vorhergesagten Partialdruckabhängigkeiten kann n_i^2 aus dem Eigenleitungsbereich, $K_d K_D / n_i^2$ aus (2.75) und K_d / K_D aus (2.75a) entnommen werden. Damit sind die 3 Gleichgewichtskonstanten bestimmt, so daß auch $[D^{\cdot}]$ und $[D^{x}]$ einzeln berechnet werden können. Auf diese Weise werden ganz allgemein durch Anpassung von Modellrechnungen an experimentelle Konzentrationsverläufe die Gleichgewichtskonstanten zugänglich. Weiterhin ergeben sich die Energieänderungen bei den Reaktionen durch Messungen bei variabler Temperatur, die wir mit derselben Näherungsmethode diskutieren werden (Abschn. 2.8.).

Setzt man anstelle des ideal gasförmigen Dotanten D seine ideal verdünnte Schmelzlösung ein, so tritt lediglich nach Abschn. 2.4.2. sein Verteilungskoeffizient zwischen Schmelze und Kristall an die Stelle der Gleichgewichtskonstanten K_D aus (2.69). Im übrigen bleibt das Gleichungssystem ungeändert.

Während die für unsere Rechnung benutzte Elektroneutralitätsbedingung (2.70) im Gleichgewicht für das Kristallinnere stets gilt, treten in grenzflächennahen Kristallbereichen Raumladungen auf und kompensieren die immer vorhandenen Grenzflächenladungen. In unserem Gleichungssystem wäre hier (2.70) durch eine ortsabhängige Raumladungsdichte $\varrho_L = e([D^{\cdot}] + p - n)$ zu ersetzen, die durch die *Poisson*-Gleichung

$$\nabla^2 \varphi = -\frac{\varrho_L}{\varepsilon_0 \varepsilon_{rel}} = \frac{e(n - p - [D^{\cdot}])}{\varepsilon_0 \varepsilon_{rel}}$$

mit dem Potential φ verknüpft ist. Die Massenwirkungsgesetze gelten dabei nach Abschnitt 2.5.5. unverändert, während die Gleichgewichtskonzentrationen der geladenen Defekte ortsabhängig werden. Solche Abweichungen von den Werten des Kristallinneren können für Dotierungsvorgänge eine Rolle spielen, sind aber wegen der mangelhaften Kenntnis der bei hohen Temperaturen vorliegenden Grenzflächenladungen quantitativ schwer zu erfassen.

Verlauf des Fermi-Niveaus

Abbildung 27b zeigt das *Fermi*-Niveau E_F für unseren Modellfall im Bänderschema mit $\log P_D$ als Abszisse (anstelle der sonst üblichen Ortskoordinate, von der E_F unabhängig ist). Nach (2.49) und (2.58) gilt

$$E_F = E_C + kT \ln n/N_C = E_D + kT \ln [D^x]/[D^\cdot]. \quad (2.76)$$

Während der Abstand des *Fermi*-Niveaus zur Leitungsbandunterkante ein Maß für die Elektronenkonzentration n ist, stellt sein Abstand zum Donatorniveau ein Maß für das Besetzungsverhältnis $[D^x]/[D^\cdot]$ dar. Im Eigenleitungsfall I liegt E_F mit (2.55) in der Nähe oder für gleiche effektive Ladungsträgermassen, also $N_C = N_V$, exakt in der Mitte der verbotenen Zone (vgl. Abb. 25). Bei $[D^x] = [D^\cdot]$ fällt E_F mit dem Donatorniveau E_D (bei Berücksichtigung von dessen Temperaturabhängigkeit exakt) zusammen, entsprechend der Besetzungswahrscheinlichkeit $F(E_D) = 1/2$. Allgemein sind *Einfach-Donatorterme unterhalb E_F überwiegend neutral und oberhalb E_F überwiegend ionisiert.* Das Umgekehrte gilt für Einfach-Akzeptorterme (s. u.).

Solche Betrachtungen zeigen die Nützlichkeit des *Fermi*-Niveaus als einer alternativen Darstellungsmöglichkeit der elektronenstatistischen Aussagen. Ihm wird in der Halbleiterphysik gegenüber den Massenwirkungsgesetzen generell der Vorzug gegeben, da dort Probleme mit festliegenden Störstellenkonzentrationen (für die

Bauelementefunktionen im Raumtemperaturbereich) im Vordergrund stehen. Die Massenwirkungsgesetze werden aber unentbehrlich bei der Einbeziehung von Hochtemperaturprozessen (für die Bauelementetechnologie), bei denen Störstellen gebildet oder vernichtet werden. Für diesen Fall stellt die chemisch-thermodynamische Behandlung auch der elektronischen Prozesse ein konsequentes Vorgehen dar, wobei die Möglichkeiten zur Veranschaulichung mit Hilfe des *Fermi*-Niveaus zusätzlich genutzt werden können. Die folgende Betrachtung zeigt das ebenfalls.

Konzentrationsbeeinflussung zwischen Störstellen

Durch die Dotierung wird die Konzentration der bisher in unserer Modellrechnung vernachlässigten Eigenstörstellen beeinflußt, wenn diese durch Ionisierungsgleichgewichte mit dem Elektronen-Defektelektronen-Gleichgewicht gekoppelt sind. Im Hinblick auf die in Abschn. 3.5 zu behandelnde Situation in Germanium untersuchen wir diesen Effekt für negativ ionisierbare Vakanzen in einem Element (oder in einer Verbindung bei konstantem Partialdruck des zugehörigen Grundgitterbestandteils, vgl. (2.69) sowie Abschn. 4.4.2.). Die Kopplung wird durch das folgende Reaktionsschema veranschaulicht:

$$\begin{array}{rcl} 0 \leftrightharpoons V^{\times} \leftrightharpoons V' + & \boxed{\begin{array}{c} h^{\cdot} \\ + \\ e' \\ \downarrow\uparrow \\ 0 \end{array}} \\ D(g) \leftrightharpoons D^{\times} \leftrightharpoons D^{\cdot} + & \end{array}$$

Da $[V^{\times}]$ wie in (2.19) festliegt, gilt

$$[V']\,p = K_{Va}. \tag{2.77}$$

Durch die Donatordotierung wird p vermindert, $[V']$ also angehoben. Die neue Neutralitätsbedingung $n + [V'] = [D^{\cdot}] + p$ ist wieder durch $n = p$ bzw. $n = [D^{\cdot}]$ zu approximieren, woraus $[V'] = \text{const}$ bzw. aus (2.73) und (2.74) $[V'] \propto P_D^{1/2}$ mit den in Abb. 27a unten eingetragenen Verläufen resultiert.

Mit dieser Konzentrationsbeeinflussung haben wir ein sehr wichtiges und allgemein vorkommendes Phänomen kennengelernt, das auch zwischen verschiedenartigen Fremdstörstellen auftritt[1]) und der Löslichkeitsbeeinflussung in flüssigen Elektrolytlösungen entspricht. Sie wird manchmal auch als „indirekte Störstellenwechselwirkung" bezeichnet, im Unterschied zu der eigentlichen („direkten") Wechselwirkung, die mit Kraftwirkungen zwischen den Störstellen verbunden ist und im Abschn. 2.7. behandelt werden wird.

Die Konzentrationsbeeinflussung läßt sich mit Hilfe des *Fermi*-Niveaus auf der Grundlage von (2.49), (2.55) und (2.60) erfassen durch

$$E_F = E_A + kT \ln[V']/[V^x]$$

mit der absoluten Vakanzentermlage bei $E_A = E_a + E_V$. Da $[V^x]$ bei gegebener Temperatur festliegt, muß $kT \ln [V']$ parallel zu E_F verlaufen (Abb. 27). Das gilt auch für eine Akzeptordotierung, bei der also $[V']$ abgesenkt wird (vgl. (2.77)).

Für positiv ionisierte Eigen- oder Fremdstörstellen ist die Konzentrationsbeeinflussung durch eine zusätzliche Dotierung, die das *Fermi*-Niveau verändert, analog mit (2.76) zu diskutieren. Verallgemeinernd ist festzustellen, daß die *Konzentration ionisierter Störstellen durch entgegengesetzt geladene Störstellen erhöht, durch gleichsinnig geladene aber abgesenkt* werden kann.

2.6.2. Verfahrensvarianten zur Dotierung

Die im vorigen Abschnitt angenommene Gleichgewichtseinstellung bei der Dotierung läßt sich zwar im

---

[1]) Das am besten untersuchte Beispiel ist die Löslichkeit von Li in Silizium, die sich unter dem Einfluß einer Bor-Dotierung um mehrere Größenordnungen erhöht.

Laborversuch erzielen, wird aber in der technologischen Praxis wegen zu geringer Prozeßdauer nicht vollständig erreicht und beispielsweise im Bereich von *pn*-Übergängen auch nicht angestrebt. Den Extremfall stellt die Ionenimplantationstechnologie dar, bei der durch Beschuß des Kristalls mit energiereichen Fremdionen im Raumtemperaturbereich von vornherein festliegende Nichtgleichgewichtskonzentrationen der Störstellen erzeugt werden, die sich nur noch unwesentlich beim nachfolgenden Ausheilen des Gitters (Tempern) ändern. Bei den im weiteren behandelten Hochtemperaturverfahren können Gleichgewichtsbetrachtungen jedoch wertvolle Abschätzungen über den Einfluß der Prozeßparameter liefern.

Dotierung während des Kristallwachstums

Homogen dotierte Einkristalle werden überwiegend aus der dotierten Schmelze gezogen, wobei die Züchtungstechnik für Si und Ge unter allen Kristallen am höchsten entwickelt ist. Die effektiven Verteilungskoeffizienten, die wegen der Abweichungen vom Gleichgewicht an die Stelle der *Nernst*schen Verteilungskoeffizienten treten, sind hier in Abhängigkeit von den Züchtungsparametern eingehend untersucht.

Auf Scheiben aus dem so erzeugten Material oder auf isolierenden Substraten werden im Rahmen der Epitaxie-Technik einkristalline, dotierte Halbleiterschichten durch *chemische Dampfablagerung* (engl. chemical vapor deposition, abgekürzt CVD) aus leichtflüchtigen Verbindungen in Strömungsreaktoren erzeugt. Die heterogenen Ablagerungsreaktionen an der Oberfläche verlaufen bei den angewendeten, hohen Temperaturen weitgehend ungehemmt unter gleichgewichtsnahen Bedingungen, so daß die Ablagerungsrate der Grundgitterbestandteile hauptsächlich durch gastransportkinetische Einflüsse (Diffusion, Konvektion) begrenzt wird. Diese können hier nicht behandelt werden.

Zur Beschichtung von Si- und von Isolatorsubstraten (vor allem α-Al_2O_3) mit Si dient der Silan-Prozeß

$$SiH_4(g) \rightarrow Si(s) + 2H_2(g) \tag{2.78}$$

bei ca. 1000 °C. Die Dotierung erfolgt durch gasförmige Hydride wie B_2H_6 oder PH_3. Im letzteren Beispiel sind zur Gleichgewichtsberechnung auf der im Abschn. 2.6.1. geschilderten Grundlage zusätzlich PH_2, PH, P, P_2 und P_4 in der Gasphase zu berücksichtigen. Derart aufwendige Untersuchungen liegen erst für wenige Gasphasendotierungssysteme vor.

Für die Si-Ablagerung auf Si-Substraten wurde bereits vor dem Silanprozeß das Tetrachlorsilan-Wasserstoff-Verfahren, das bei ca. 1200 °C arbeitet, entwickelt und in großem Maßstab eingesetzt[1]). Neben

$$SiCl_4(g) + 2H_2(g) \rightarrow Si(s) + 4HCl \tag{2.79}$$

ist hierbei auch die Bildung von SiH_4 (2.78), $SiCl_2$ sowie weiterer Moleküle aus Si, H und Cl zu berücksichtigen.[2])
Zur Dotierung werden Halogenide wie PCl_3 und BCl_3 verwendet.

Unter den Verbindungshalbleitern wird vor allem GaAs zur Bauelementeherstellung epitaxial abgeschieden. Die Hauptreaktion am Substrat kann wiedergegeben werden durch

$$As_4(g) + 4GaCl(g) + 2H_2(g) \rightarrow 4GaAs(s) + 4HCl(g).$$

---

[1]) Diese Methode kommt für Al_2O_3-Substrate, die erst seit Ende der 60er Jahre eingesetzt werden, wegen deren Erosion durch das Chlorid nicht in Betracht, während der Silanprozeß allgemeiner verwendbar ist und wegen der niedrigeren Temperatur und der Abwesenheit von Chlorid Vorteile bietet.

[2]) Insbesondere tritt Trichlorsilan auf, dessen Bildung nach $Si(s) + 3HCl(g) \rightarrow SiHCl_3(g) + H_2(g)$ auch bei der Gasphasenätzung zur Vorbehandlung der Si-Substrate sowie bei der Aufbereitung von Si-Rohmaterial eine wichtige Rolle spielt. Im letzteren Fall wird das $SiHCl_3$ nach destillativer Hochreinigung und Dotierungszusätzen wieder mit H_2 an induktiv erhitzten Si-Stäben („Seelen") zu polykristallinem Si umgesetzt, das als Ausgangsmaterial für die Schmelzzüchtung von Einkristallen dient.

Dabei wird das Arsen durch $AsCl_3$ (oder AsH_3) zugeführt und das GaCl durch Umsetzung von $AsCl_3$ (oder HCl) mit einer Ga-Schmelze im Reaktor selbst bereitgestellt. Für die erste (nicht eingeklammerte) Variante ist in Abb. 28 die experimentelle Anordnung als Beispiel einer Epitaxie-Apparatur skizziert. Zur *n*-Dotierung wird H_2Se zugeführt, wobei die Betrachtungen des Abschn. 2.6.1. mit dem Donatorpartialdruck $P_D = P_{Se} = K_{Dissoz} P_{H_2Se}/P_{H_2}$ anwendbar sind.

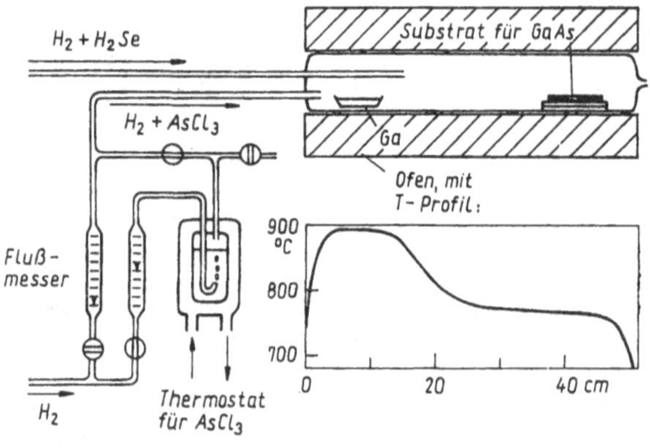

Abb. 28. Schema einer Apparatur zur Abscheidung von n-GaAs im System $AsCl_3/Ga/H_2/H_2Se$ und Temperaturprofil im Reaktor (nach Angaben von *Blakeslee*, vereinfacht)

Dotierung vorgegebener Kristalle

Die aus der Schmelze gezüchteten oder epitaxial abgeschiedenen, homogen „vordotierten" Halbleiter sind für die Herstellung von Bauelementestrukturen zusätzlich zu dotieren, um partielle Änderungen der Leitfähigkeit und des Leitungstyps (*pn*-Übergänge) zu erzielen. Das geschieht von der Oberfläche her bis in die gewünschte Tiefe durch Eindiffusion des Dotanten (Abschn. 3. und 4.5.) oder durch Ionenimplantation (s. o.). Eine weitere Möglichkeit stellt das ältere Legierungsverfahren mit partiellem Aufschmelzen unter Einwirkung des Dotierungsmetalls und anschließendem Rekristallisieren des Halbleiters dar. Es hat seine Bedeutung für die Elementhalbleiter verloren, während es im Falle des Galliumphosphids wieder technisch aktuell geworden ist.

Die praktische Durchführung der Diffusionsdotierung sei hier näher erläutert. Sie erfolgt beispielsweise in Anordnungen nach dem Prinzip der der Abb. 26 als Trägergasdiffusion oder in einer älteren Variante als Ampullendiffusion, die sich besonders mit dotiertem Kristallpulver als Dotantenquelle bewährt. Dient eine leichtflüchtige Verbindung (z. B. ein Halogenid) des Dotanten als Quelle, so wird diese beim Trägergasverfahren außerhalb des Diffusionsofens in einem Vorverdampfer angeordnet (wie für $AsCl_3$ in Abb. 28).

Auch Verteilungsgleichgewichte zwischen dem Kristall und einer *kondensierten* Umgebung werden bei der Diffusionsdotierung genutzt. Dazu wird entweder eine „Vorbelegung" mit der kondensierten Phase vorgenommen (z. B. durch Vakuumbedampfung mit einem Metall), oder der Dotant wird im Trägergasverfahren ständig über die Gasphase nachgeliefert (beispielsweise für die Phosphordotierung von Si als P_2O_5, das mit oberflächlich entstehendem Siliziumdoxid eine Glasschmelze bildet).

Bei der Diffusionsdotierung sind unsere Gleichgewichtsbetrachtungen insofern nützlich, als sie Näherungswerte für die Dotantenkonzentration unmittelbar unter der Oberfläche liefern. Für diese Oberflächenkonzentration ist das Gleichgewicht mit der Kristallumgebung maßgebend, da seine Einstellung im Vergleich zur Abdiffusion der Störstellen ins Kristallinnere (Abschn. 3.1.) praktisch ungehemmt erfolgt.

2.7. *Störstellenwechselwirkung und Assoziation*

Kraftwirkungen zwischen den Störstellen bedingen Abweichungen von den bisher benutzten Gesetzen der ideal verdünnten Lösungen, die um so größer sind, je höher die Wechselwirkungsenergie im Vergleich zur thermischen Energie ist. Sie *nehmen* also *mit steigender Konzentration und fallender Temperatur zu* und müssen insbesondere beim Abkühlen der bei hohen Temperaturen präparierten Kristalle berücksichtigt werden, bis schließlich kein Platzwechsel der Störstellen und damit keine Gleichgewichtseinstellung mehr erfolgen kann (vgl. Abschn. 2.8.).

Die wichtigsten und am besten erfaßbaren Störstellenwechselwirkungen werden durch die *weitreichenden Coulomb-Kräfte* zwischen geladenen Störstellen verursacht. Weiterhin treten — auch zwischen neutralen Störstellen — *Nahkräfte* auf, die durch die Gitterverzerrung[1]) und durch kovalente oder metallartige Wechselwirkungen (vgl. Abschn. 2.5.4., Störbandbildung) bedingt sein können. Solche Wechselwirkungen sind auch für größere Zusammenballungen (Cluster) gleichartiger Störstellen als Vorstufen der Ausscheidung neuer Phasen verantwortlich.

Solange die Kräfte zwischen den Störstellen vernachlässigt werden können, sind diese chaotisch auf die Gitterplätze oder Zwischengitterplätze verteilt. Dann ist die Besetzungswahrscheinlichkeit eines Platzes der betreffenden Art durch das Verhältnis der Anzahl der Störstellen r zur Anzahl der ihnen zugänglichen Plätze gegeben, das als „Platzkonzentration" für Elemente

---

[1]) Beispielsweise treten in Si und Ge anziehende Kräfte zwischen Vakanzen und substitutionellen Sn-Atomen auf, weil letztere wesentlich größer als Si- oder Ge-Atome sind und die resultierende Gitterdeformation vermindert wird. Die Beobachtung ist ohne Überlagerung durch *Coulomb*-Kräfte möglich, weil Sn hier elektronisch inaktiv ist.

oder AB-Verbindungen praktisch gleich der Gitterkonzentration $[r]_G$ aus (2.2) ist.

Gegenüber diesem Wert wird die Wahrscheinlichkeit der Besetzung von Nachbarplätzen einer Störstelle mit einer anderen durch Abstoßungskräfte erniedrigt, durch Anziehungskräfte aber erhöht. Den letzteren Fall behandeln wir als Assoziation und können dadurch die Verwendung der unanschaulichen Aktivitätskoeffizienten aus Abschn. 2.4.1. umgehen (bzw. bis zu höheren Konzentrationen hinausschieben).

Das Assoziationsgleichgewicht

Begeben sich Störstellen auf nächstbenachbarte Plätze des Kristalls, dann wird ihre Wirkung auf die Umgebung verändert, so daß sie zweckmäßig als neue Defektarten oder „Assoziate" betrachtet werden können. Beispielsweise wirken Assoziate aus ionisierten Akzeptoren A' und Donatoren $D^{\cdot}$ auf weiter entfernte Teilchen effektiv als neutral und werden durch $(A'D^{\cdot})^{\times}$ oder einfacher durch $(AD)^{\times}$ symbolisiert. Sie sind selbständige Partner der formal einer Molekülbildung entsprechenden Reaktion

$$A' + D^{\cdot} \leftrightarrows (AD)^{\times}. \tag{2.80}$$[1]

Werden sie ebenso wie die Einzelstörstellen A' und $D^{\cdot}$ als ideal verdünnt angesehen, so gilt im Gleichgewicht

$$\frac{[(AD)^{\times}]_G}{[A']_G\,[D^{\cdot}]_G} = K_{AD} = K_{0AD} \exp\left(-\frac{\Delta H_{AD}}{kT}\right). \tag{2.81}$$

Zur Abschätzung des Präexponentialfaktors K_{0AD} soll von einer Änderung der Gitterschwingungen bei der Assoziation abgesehen werden. Dann ist die Standard-

---

[1]) Eine verfeinerte Behandlung hat mit analogen Reaktionen weitere Assoziate aus übernächsten Nachbarn sowie aus noch weiter entfernten Störstellen zu berücksichtigen. Außerdem können die weitreichenden *Coulomb*-Kräfte zwischen den freien Einzelstörstellen durch Aktivitätskoeffizienten nach der Theorie starker Elektrolyte berücksichtigt werden. Diese Korrektur spielt aber in den meisten Kristallen eine wesentlich geringere Rolle als in wäßrigen Lösungen, da deren Dielektrizitätskonstante um ein Mehrfaches größer ist.

Reaktionsentropie $\Delta S_0 = k \ln K_{0AD}$ (vgl. (2.28)) praktisch allein durch einen Konfigurationsbeitrag $k \ln W$, entsprechend der *Boltzmann*schen Beziehung (2.20), gegeben. Die Zahl der Verteilungsmöglichkeiten $W = K_{0AD}$ im Assoziat ist gleich der Zahl der nächstbenachbarten Plätze einer Störstelle. Im Beispiel des Diamantgitters ist das für Assoziate aus zwei Substitutionsstörstellen oder aus einer Substitutions- und einer Zwischengitterstörstelle die Koordinationszahl $4 = K_{0AD}$[1]). Dieses Ergebnis gilt unabhängig von der Art der Wechselwirkungskräfte, also auch für die Assoziation neutraler Störstellen.

Für *Coulomb*-Kräfte kann die Enthalpieänderung ΔH_{AD} bei der Reaktion (2.79) ebenfalls leicht abgeschätzt werden. Sie ergibt sich als Änderung der elektrostatischen potentiellen Energie bei Annäherung der als Punktladungen aufgefaßten Ionen aus dem Unendlichen auf den Abstand r_{AD} im Assoziat:

$$\Delta H_{AD} = -\frac{e^2}{4\pi\varepsilon_0\varepsilon_{rel}\,r_{AD}}. \tag{2.82}$$

Wird dabei der Kristall als Kontinuum mit der makroskopischen relativen Dielektrizitätskonstanten ε_{rel} aufgefaßt, so kompensiert der dabei begangene Fehler zumindest teilweise die Wirkung der Abstoßungskräfte zwischen den Ionen. Diese verhindert im Modell lediglich die weitere Annäherung nach Erreichen des Kernabstands r_{AD}.

Wenn für r_{AD} der Abstand von einem Gitterplatz zum nächstbenachbarten Gitter- oder Zwischengitterplatz (im Diamantgitter 1/4 der Raumdiagonale der Elementar-

[1]) Auf dasselbe Resultat führt die Betrachtung des wechselwirkungsfreien Falles mit $\Delta H_{AD}/kT = 0$, also $[(AD)^\times]_G = K_{0AD}[A']_G\,[D^\bullet]_G$ als Assoziatkonzentration bei chaotischer Störstellenverteilung: Nach (2,81) muß diese Konzentration für tetraedrische Koordination das Produkt aus der Wahrscheinlichkeit $[D^\bullet]_G$, daß ein Platz mit einer $D^\bullet$-Störstelle besetzt ist, und der Wahrscheinlichkeit $4[A']_G$, daß dieser $D^\bullet$ — eine A'-Störstelle benachbart ist, sein.

zelle in Abb. 2) angenommen wird, resultiert beispielsweise in Ge mit $r_{AD} = 2{,}44$ Å und $\varepsilon_{rel} = 16{,}0$ ein Wert von $\Delta H_{AD} = -0{,}36$ eV. Er stimmt größenordnungsmäßig mit den nachfolgend zu besprechenden Experimentalergebnissen überein.

Auswirkungen der Assoziation

Für Grundlagenuntersuchungen zur Assoziation in Si und Ge hat sich die Kombination von substitutionellen Akzeptoren mit $Li_i^{\cdot}$ als besonders geeignet erwiesen, weil sich die Gleichgewichte mit dem interstitiellen Li als „schnellem Diffusanten" (Abschn. 3.) bis herab zu Temperaturen von ca. 200 °C noch weitgehend einstellen.

Durch die Assoziation ioniserter Störstellen können die Beweglichkeiten der Elektronen und Defektelektronen beträchtlich erhöht werden, weil deren Streuung an neutralen Assoziaten weit geringer ist als an den geladenen Einzelstörstellen. In Abb. 29 tritt dieser Effekt für die Defektelektronenbeweglichkeit bei der Abkühlung von Ge-Kristallen (a_1 bzw. b_1) auf, die Ga und eine etwas geringere Menge Li enthalten. Bei hohen Temperaturen liegen die ionisierten Störstellen überwiegend einzeln vor, wobei ein Donator $Li_i^{\cdot}$ die Defektelektronen in gleichem Maße streut wie ein Akzeptor Ga'_{Ge}. Durch jedes gebildete Assoziat $(Li_iGa_{Ge})^x$ werden *zwei* Streuzentren praktisch unwirksam gemacht, so daß mit fallender Temperatur T, also zunehmender Assoziation die Beweglichkeit schließlich größer wird als in einer Vergleichsprobe mit gleichem Ga-, aber ohne Li-Gehalt (in Abb. 29 a_2 bzw. b_2). Am Schnittpunkt beider Verläufe bei $T_{1,2}$ ist gerade die Hälfte der Lithiumionen in der Probe 1 assoziiert, weil dann der gleiche Effekt vorliegt wie bei Abwesenheit aller Lithiumionen in der Vergleichsprobe 2, in der die Ga-Ionen nicht assoziieren können. Da die neutralen Einzelstörstellen vernachlässigbar sind, gilt bei dieser Temperatur $[Li_i^{\cdot}]$

$= [(\mathrm{Li_i Ga_{Ge}})^{\times}] = 1/2[\mathrm{Li}]_{tot}$, und mit (2.81) wird die Assoziationsgleichgewichtskonstante

$$K_{AD}(T_{1,2}) = \frac{[(\mathrm{Li_i\,Ga_{Ge}})^{\times}]}{[\mathrm{Li_i^{\cdot}}][\mathrm{Ga'_{Ge}}]} = \frac{1}{[\mathrm{Ga_{Ge}}]_{tot} - 1/2\,[\mathrm{Li_i}]_{tot}}.$$

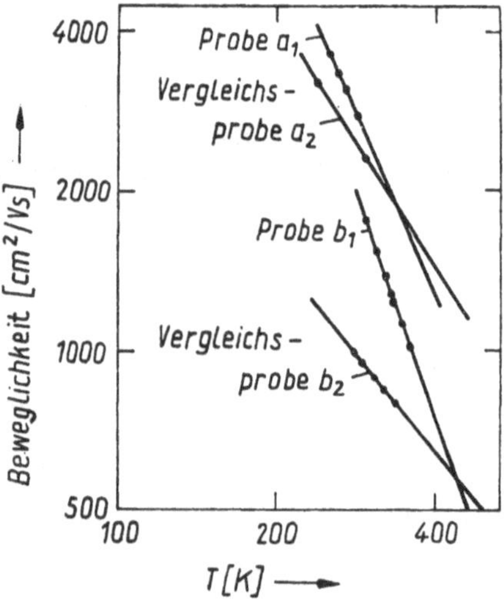

Abb. 29. Temperaturabhängigkeit der Defektelektronenbeweglichkeit (doppeltlogarithmisch) in Ge-Kristallen (nach Daten von *Reiss* u. a.) a_1 – $9 \cdot 10^{15}$ Ga/cm³ + $6 \cdot 10^{15}$ Li/cm³; a_2 – $9 \cdot 10^{15}$ Ga/cm³; b_1 – $3{,}0 \cdot 10^{17}$ Ga/cm³ + $2{,}8 \cdot 10^{17}$ Li/cm³; b_2 – $3{,}0 \cdot 10^{17}$ Ga/cm³

Sie ist also aus den analytisch bestimmten Totalkonzentrationen erhältlich und führt für beide Probenpaare mit $\varepsilon_{rel} = 16$ übereinstimmend auf den Kernabstand im Assoziat $r_{AD} = 1{,}7$ Å. Eine solche Verkürzung gegenüber dem aus der idealen Gittergeometrie folgenden Wert von $r_{AD} = 2{,}44$ Å (s. o.) ist auf Grund des kleinen Li-Ionenradius plausibel und entspricht mit (2.82) einem $\Delta H_{AD} = -0{,}5$ eV.

Außer der Zunahme der Assoziation mit fallender Temperatur läßt Abb. 29 beim Vergleich der beiden

Probenpaare auch eine Zunahme mit steigender Totalkonzentration der Störstellen erkennen, die ebenfalls ein ganz allgemein auftretendes Phänomen ist (entsprechend den einleitenden Bemerkungen zu diesem Abschn. 2.7.).

Für nicht extrem hohe Totalkonzentrationen liegen die Störstellen bei den Kristallzüchtungs- und Dotierungstemperaturen überwiegend einzeln vor. Trotzdem haben hier die Assoziate, insbesondere bei Beteiligung von Eigenstörstellen, grundlegende Bedeutung für die Diffusionsdotierung (Abschn. 3.).

Bei Raumtemperatur und darunter würde eine Gleichgewichtseinstellung zur praktisch vollständigen Assoziation von Störstellen führen, die gegenüber einer entgegengesetzt geladenen Störstellenart in der Minderzahl oder in gleicher Zahl vorliegen. Tatsächlich assoziieren solche Störstellen weitgehend, wenn die Diffusionskoeffizienten nicht zu klein sind („schnelle Diffusanten"), und wenn die Abkühlung und damit der Übergang zum eingefrorenen Zustand (Abschn. 2.8.) nicht zu rasch erfolgt.

Während die oben behandelten Assoziate aus flachen Donatoren und Akzeptoren nur neutral vorkommen, können bei Beteiligung von Störstellen mit tiefer Termlage die Assoziate auch geladen auftreten mit entsprechenden neuen Störtermen in der verbotenen Zone. Ihnen kommt vor allem für die Fotoleitung und die Lumineszenz große Bedeutung zu.

2.8. Partialgleichgewichte

Besonders durch die Hemmung der Störstellendiffusion treten beim Abkühlen der Kristalle nach der Hochtemperaturpräparation zunehmende Abweichungen vom Gleichgewicht auf. Einfach zu übersehende Verhältnisse ergeben sich erst dann wieder, wenn diese Hemmung vollständig ist, d. h. wenn die *Störstellen im Kristall hinsichtlich ihrer Position und Totalkonzentration eingefroren* sind. Das tritt zwar exakt erst am absoluten Nullpunkt ein, kann aber zumindest für substitutionelle Fremdstörstellen bis Raumtemperatur und auch darüber (im Bereich der Betriebstemperaturen elektronischer Bauelemente) mit guter Näherung angenommen werden, solange nicht sehr große Zeiträume (im Bereich der Lebensdauer von Bauelementen) zu betrachten sind.

Demgegenüber folgt die Einstellung des Elektronen-Defektelektronen-Gleichgewichts und der Ionisationsgleichgewichte der Störstellen praktisch trägheitsfrei der Abkühlung bis herab zu wesentlich tieferen Temperaturen[1]). Eine Situation, in der diese elektronischen Gleichgewichte eingestellt, alle Störstellen (oder bestimmte Störstellenarten, s. Abschn. 3.1.) aber eingefroren sind, ist als Partialgleichgewicht zu bezeichnen. Dieses liegt im Ruhezustand der elektronischen Bauelemente, beispielsweise beim stromlosen *pn*-Übergang (Abb. 22), vor und soll nun für ein elektroneutrales *n*-Gebiet als Temperaturfunktion berechnet werden.

Dazu greifen wir zurück auf den im Abschn. 2.6.1. untersuchten Fall des Halbleiters mit Fremddonatoren D (bei vernachlässigbarer Konzentration der atomaren Eigenstörstellen). Jetzt soll aber infolge Abkühlung kein Stoffaustausch mit der Umgebung mehr stattfinden, so daß anstelle des *Henry*schen Gesetzes (2.69) gilt:

$$[D^{\cdot}] + [D^{x}] = [D]_{tot} = \text{const.} \tag{2.83}$$

Dagegen gelten unverändert die Massenwirkungsgesetze (2.67) $np = N_C N_V \exp(-E_g/kT)$ und (2.68) $[D^{\cdot}]\, n/[D^{x}] = N_C \exp(-E_a/kT)$ sowie die Neutralitätsbedingung

---

[1]) Ionisierungsgleichgewichte von Störstellen können bei tiefen Termlagen einfrieren (Haftstellen in Materialien mit großem Bandabstand). Allgemein treten Nichtgleichgewichtskonzentrationen der Ladungsträger beim Betrieb elektronischer Bauelemente (Injektion durch *pn*-Übergänge, Belichtung) auf, sollen aber hier nicht betrachtet werden.

(2.70) $n = [D^\cdot] + p$. Diese wird wieder durch Vernachlässigung jeweils eines Summanden approximiert. Das gleiche erfolgt mit der neuen Summenrelation (2.83), so daß sich Näherungsausdrücke für den Verlauf der Elektronenkonzentration n (Abb. 30) ergeben.

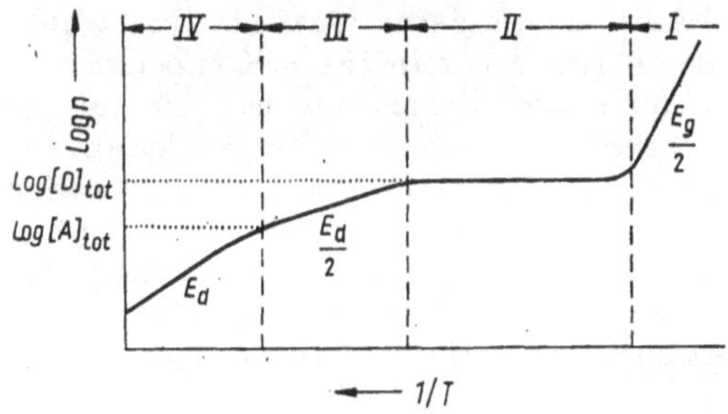

Abb. 30. Temperaturabhängigkeit der Elektronenkonzentration im Partialgleichgewicht, mit den für die Steigung maßgebenen Energiegrößen

Bei hoher Tepmeratur resultiert der Eigenleitungsbereich I mit $n = p \propto \exp(-E_g/2kT)$ und $[D^\cdot] = [D]_{tot}$. Durch Abkühlung erfolgt der Übergang zum Erschöpfungsbereich II mit $n = [D^\cdot] = [D]_{tot}$ und weiter zum Reservebereich III mit $n = [D^\cdot] \propto \exp(-E_d/2kT)$ und $[D^x] = [D]_{tot}$, der zur Bestimmung der Ionisierungsenergie E_d dienen kann.

Häufig liegt als Verunreinigung, oder im Ergebnis der Umdotierung eines p- in ein n-leitendes Kristallgebiet, zusätzlich eine gegenüber den Donatoren geringere Konzentration flacher Akzeptoren

$$[A'] + [A^x] = [A]_{tot} = \text{const}$$

vor, die in Abb. 30 mit berücksichtigt ist. Dann folgt bei tiefen Temperaturen — unter Vernachlässigung der Assoziation, die sich nicht auf die Ladungsträgerkonzentration auswirkt — ein

$$\text{Bereich IV mit } [A]_{tot} = [A'] = [D^\cdot] \text{ und } [D^x] = [D]_{tot}.$$

Die Elektronenkonzentration n dominiert hier nicht in der neuen Neutralitätsbedingung $[A'] + n = [D^{\cdot}] + p$, da praktisch alle von den Donatortermen abgegebenen Elektronen auf die Akzeptorterme übergegangen sind. Es resultiert $n \propto \exp(-E_d/kT)$.

Bei höheren Temperaturen bleiben die Konzentrationsverläufe qualitativ ungeändert. Quantitative Unterschiede resultieren aus der teilweisen Kompensation[1]) der Donatoren durch die Akzeptoren, so daß nur der Rest zur Elektronenkonzentration beitragen kann. Dabei bleibt das „Plateau“ für die Elektronenkonzentration im Bereich II mit $n = [D^{\cdot}] - [A'] = [D]_{tot} - [A]_{tot}$ erhalten, auf dem man sich im Interesse einer möglichst geringen Temperaturabhängigkeit der Leitfähigkeit bei Betriebstemperaturen von Halbleiterbauelementen bewegt.

3. Diffusion und Fehlordnung in Elementhalbleitern

3.1. Allgemeines zur Störstellendiffusion

Die Störstellendiffusion hat besonders im Rahmen der Diffusionsdotierung von Halbleitern (Abschn. 2.6.2.), aber auch als parasitäre und unter Kontrolle zu bringende Begleiterscheinung bauelementetechnologischer Prozesse große praktische Bedeutung. Für Elementhalbleiter ist sie die wichtigste Informationsquelle über die atomare Eigenfehlordnung bei hohen Temperaturen.

Wir betrachten den „planaren“ Fall, in dem der für die Diffusion verantwortliche Konzentrationsgradient nur in einer Richtung (x) auftritt. Dann ist die Anzahl der Teilchen r, die in der Zeiteinheit durch den Einheits-

---

[1]) Allgemein bezeichnet man denjenigen Anteil ionisierter Störstellen, der infolge der Anwesenheit entgegengesetzt geladener Störstellen, nicht zur Ladungsträgerkonzentration beiträgt, als kompensiert.

querschnitt diffundiert, d. h. die Teilchenstromdichte:

$$j_r = -D_r \frac{d[r]}{dx} \quad \text{(1. \textit{Fick}sches Gesetz)}. \tag{3.1}$$

Der durch diese Gleichung definierte Diffusionskoeffizient D_r und seine atomistische Deutung stehen im Mittelpunkt dieses Abschnittes.

Für mit der Zeit t veränderliche Konzentrationen folgt durch Anwendung der Kontinuitätsbedingung:

$$\frac{\partial[r]}{\partial t} = \frac{\partial}{\partial x}\left(D_r \frac{\partial[r]}{\partial x}\right) = D_r \frac{\partial^2[r]}{\partial x^2} \quad \text{(2. \textit{Fick}sches Gesetz)}.$$

Das zweite Gleichheitszeichen gilt nur bei Ortsunabhängigkeit von D_r, die oft mit guter Näherung vorliegt. Zeigt D_r eine Konzentrationsabhängigkeit (und damit einen für Rückschlüsse auf den Diffusionsmechanismus bei Grundlagenuntersuchungen wichtigen Effekt), so läßt sich Ortsunabhängigkeit durch Verwendung radioaktiver oder stabiler r-Isotope mit einem Konzentrationsgradienten bei einheitlicher Gesamtkonzentration erreichen. So ergeben sich „Isokonzentrations- Diffusionskoeffizienten".

Ohne auf die zum Diffusionskoeffizienten führende Auswertung von Diffusionsmessungen im einzelnen einzugehen, sei hier lediglich der Konzentrationsverlauf für den wichtigsten Sonderfall mit zeitunabhängiger Oberflächenkonzentration $[r]_0$ angegeben. Diese ist durch konstantes Diffusantenangebot aus der Umgebung als Gleichgewichtskonzentration realisierbar (Abschn. 2.6.). Aus dem 2. *Fick*schen Gesetz ergibt sich für $D_r = \text{const}$

$$[r] = [r]_0 \left\{1 - \operatorname{erf} \frac{x}{2} (D_r t)^{-1/2}\right\},$$

wie in Abb. 31 dargestellt ist.

Für die Temperaturabhängigkeit von D_r gilt bei Störstellen meist die „*Arrhenius*-Gleichung für die Diffusion"

$$D_r = D_{0r} \exp\left(-\frac{^aH_r}{kT}\right) \tag{3.2}$$

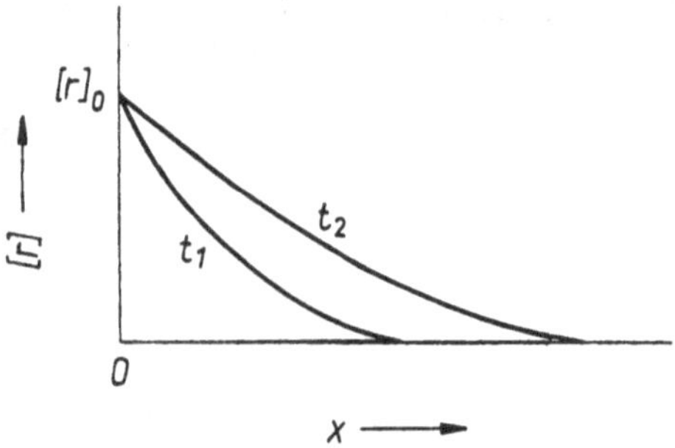

Abb. 31. Diffusionsprofile bei konstanter Oberflächenkonzentration $[r]_0$ für zwei Zeiten $t_2 > t_1 > 0$

mit näherungsweise temperaturunabhängigen Aktivierungsenthalpien ^aH_r und Präexponentialfaktoren D_{0r}. In der *Arrhenius*-Auftragung der Abb. 32 für die wichtigsten, an den Geraden angegebenen Elemente r in Si und Ge heben sich deutlich die „*langsamen Diffusanten*", zu denen die Dotanten aus der 3. und 5. Hauptgruppe des Periodensystems gehören, von den „*schnellen Diffusanten*" ab, unter denen insbesondere Elemente aus der 1. und 8. Gruppe anzutreffen sind. Ihre Diffusionskoeffizienten liegen um mehrere Größenordnungen höher, während die Temperaturabhängigkeit wesentlich geringer ist.

Es gilt, diese Befunde atomistisch zu interpretieren. Dabei können von vornherein Diffusionsmechanismen, die ohne Beteiligung von Vakanzen oder von Zwischengitteratomen ablaufen, außer Betracht bleiben, da die Wahrscheinlichkeit für einen direkten Austausch von Atomen zwischen normalen Gitterplätzen zu gering

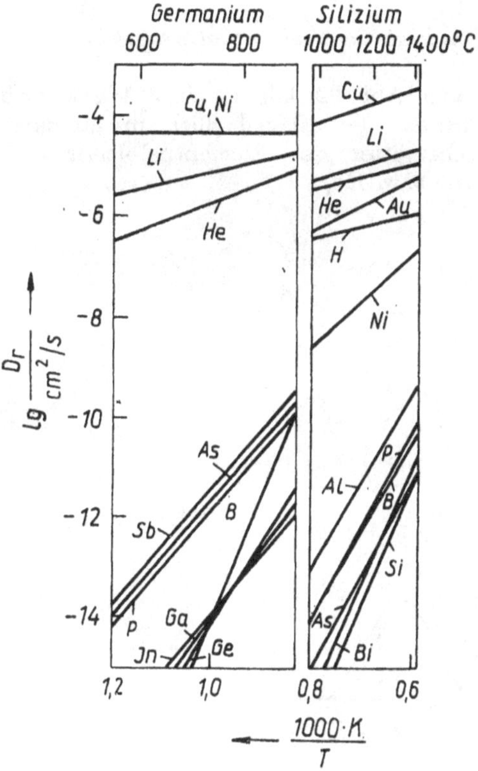

Abb. 32. Temperaturabhängigkeit von Diffusionskoeffizienten D_r in Ge und Si vom Schmelzpunkt an abwärts

ist. — Wir begründen die Gesetze (3.1) und (3.2) zunächst in Abschn. 3.2. am konkreten Beispiel des Zwischengittermechanismus und beziehen in Abschn. 3.3. die Drift geladener Defekte im elektrischen Feld mit in die Betrachtung ein. Als Abschn. 3.4. folgt eine weniger anschauliche, aber allgemeinere thermodynamische Behandlung der Diffusion. Danach werden Diffusionsmechanismen unter Beteiligung von Eigenstörstellen betrachtet.

3.2. *Diffusion neutraler Zwischengitterstörstellen*

Als Beispiel aus Abb. 32 können hier Wasserstoff oder Helium dienen, die ausschließlich in atomarer Form im Zwischengitter der Elementhalbleiter auftreten (also als H_i^x bzw. He_i^x).

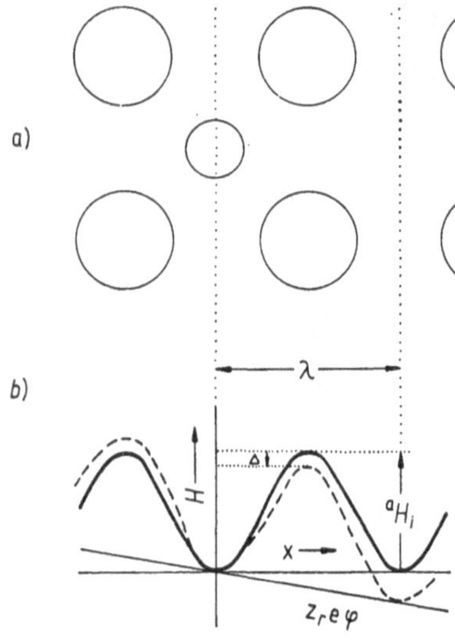

Abb. 33. a) Sprung eines Zwischengitteratoms auf einen benachbarten Zwischengitterplatz
b) Enthalpie als Ortsfunktion mit Barrierenhöhe ^aH_i; – – – Modifizierter Verlauf bei Überlagerung einer elektrostatischen potentiellen Energie $z_r e\varphi$ (mit willkürlichem Nullpunkt)

Anhand der Abb. 33a betrachten wir Sprünge der Atome r_i^x zwischen zwei senkrecht zur x-Richtung stehenden, benachbarten Zwischengitter-Netzebenen des Abstands λ. In der linken befinden sich N und in der rechten $N + \lambda\,(\mathrm{d}N/\mathrm{d}x)$ interstitielle Atome pro Flächeneinheit. Bezeichnen wir die Anzahl der Sprünge *eines*

Atoms in die benachbarte Zwischengitternetzebene pro Zeiteinheit, die „Sprungfrequenz“, mit Γ, so beträgt die Teilchenstromdichte von links nach rechts $N\Gamma$ und von rechts nach links $(N + \lambda\,(\mathrm{d}N/\mathrm{d}x))\,\Gamma$. Die resultierende Teilchenstromdichte in x-Richtung beträgt also

$$j_{r_i} = N\Gamma - \left(N + \lambda\,\frac{\mathrm{d}N}{\mathrm{d}x}\right)\Gamma = -\lambda\Gamma\,\frac{\mathrm{d}N}{\mathrm{d}x} = -\lambda^2\Gamma\,\frac{\mathrm{d}[r_i^\times]}{\mathrm{d}x}$$

mit der Volumenkonzentration $[r_i^\times] = N/\lambda$. Durch Vergleich mit dem 1. *Fick*schen Gesetz (3.1) finden wir $D_{r_i} = \lambda^2\Gamma$ im einfach kubischen Gitter (Abb. 33a). Beim Übergang auf das Diamantgitter verringert sich die Zahl der dem Atom benachbarten Zwischengitterplätze und damit der Sprungmöglichkeiten wie die Koordinationszahl von 6 auf 4, so daß

$$D_{r_i} = \frac{2}{3}\,\lambda^2\Gamma \tag{3.3}$$

wird. — Die *Temperaturabhängigkeit* von D_{r_i} ist hauptsächlich durch diejenige der Sprungfrequenz Γ bedingt. Γ steigt um so stärker mit T, je kleiner die für den Sprung erforderliche Aktivierungsenthalpie ${}^{a}H_i$ in Abb. 33b ist, die das System im Übergangszustand besitzt. Die statistisch-thermodynamische Theorie des Übergangszustandes führt auf

$$\Gamma = \Gamma_0 \exp\left(\frac{{}^{a}S_i}{k}\right) \exp\left(-\frac{{}^{a}H_i}{kT}\right) \tag{3.4}$$

und mit (3.3) auf die *Arrhenius*-Gleichung (3.2) für die Diffusion von Zwischengitteratomen, wobei $D_{0r_i} = 2/3\lambda^2\Gamma_0 \exp({}^{a}S_i/k)$ resultiert. ${}^{a}S_i$ ist die Aktivierungsentropie, und Γ_0 ist die harmonische Schwingungsfrequenz der Zwischengitteratome um ihre Gleichgewichtslage in den Potentialmulden der Abb. 33b. Unter Verwendung theoretisch berechneter Werte von ${}^{a}S_i$ und Γ_0 ergibt sich gute Übereinstimmung mit dem experimentellen D_{0r_i} aus Abb. 32 für $H_i^\times$ und $He_i^\times$ in Se und Ge.

3.3. Diffusion geladener Störstellen

Bei einer Ladung $z_r e$ erhalten Störstellen durch ein elektrisches Makropotential φ (Abschn. 2.5.5.) eine zusätzliche potentielle Energie $z_r e\varphi$, beispielsweise $+e\varphi$ für $Li_i^{\cdot}$ in Si oder Ge. Dadurch wird das Potentialgebirge in Abb. 33b in *der* Weise gekippt, daß die Höhe der Potentialberge für Sprünge nach rechts um $z_r e\,(\mathrm{d}\varphi/\mathrm{d}x)\,\lambda/2 \equiv \Delta$ erniedrigt und nach links um den gleichen Betrag erhöht ist. Die entsprechend geänderten Sprungfrequenzen sind mit (3.4)

$$\vec{\Gamma} = \Gamma \exp\left(-\frac{\Delta}{kT}\right) \approx \Gamma\left(1 - \frac{\Delta}{kT}\right)$$

und

$$\overleftarrow{\Gamma} = \Gamma \exp\left(+\frac{\Delta}{kT}\right) \approx \Gamma\left(1 + \frac{\Delta}{kT}\right),$$

wobei die Näherung für $|\Delta| \ll kT$, also für niedrige Feldstärken, gilt. Die Teilchenstromdichte beträgt jetzt nach rechts $N\vec{\Gamma}$ und nach links $\left(N + \lambda\,(\mathrm{d}N/\mathrm{d}x)\right)\overleftarrow{\Gamma} \approx \left(N + \lambda\,(\mathrm{d}N/\mathrm{d}x) + N(\Delta/kT)\right)\Gamma$. Die Differenz liefert analog wie in Abschnitt 3.2.

$$j_r = -D_r\,\frac{\mathrm{d}[r]}{\mathrm{d}x} - D_r\,\frac{z_r e}{kT}\,[r]\,\frac{\mathrm{d}\varphi}{\mathrm{d}x}. \tag{3.5}$$

Zu der Diffusions-Teilchenstromdichte aus dem 1. *Fick*schen Gesetz (3.1) tritt also eine Feld-Teilchenstromdichte hinzu, die bei dieser „Niederfeld-Näherung" der Feldstärke $(-\mathrm{d}\varphi/\mathrm{d}x)$ direkt proportional ist, entsprechend dem *Ohm*schen Gesetz. Gleichung (3.5) gilt, wie im nächsten Abschnitt begründet wird, auch für elektronische Ladungsträger[1]), wobei deren Diffusionskoeffizienten wesentlich größer sind.

---

[1]) Deren Diffusionskoeffizienten D_e und D_h zeigen jedoch (außer im Ausnahmefall des „Hopping", Abschn. 2.2.2) keine exponentielle Temperaturabhängigkeit, weil die zugehörigen Potentialbarrieren durchtunnelt werden.

Bei der Diffusion von ionisierten Störstellen und den von ihnen gelieferten Ladungsträgern, beispielsweise von $Li_i^{\cdot}$ und e', eilen die letzteren voraus wegen

$$D_e \gg D_{Li} . \qquad (3.6)$$

Dadurch baut sich bei dieser „*bipolaren Diffusion*"[1]) von selbst ein inneres Feld auf, das die elektronischen Ladungsträger bremst, die Störstellen aber beschleunigt. Sehr bald stellt sich ein stationärer Zustand ein mit gleichen Teilchenstromdichten $j_e = j_{Li}$. Hiermit ergibt sich aus (3.5) für $z_e = -1$ und $z_{Li} = +1$ durch Eliminierung des Diffusionspotentialgradienten $d\varphi/dx$:

$$j_{Li} = -D_{Li}\left(1 + [Li_i^{\cdot}]\,\frac{\dfrac{dn}{d[Li_i^{\cdot}]}\,D_e - D_{Li}}{n\,D_e + [Li_i^{\cdot}]D_{Li}}\right)\frac{d[Li_i^{\cdot}]}{dx}$$

$$= -D_{Li}^{bi}\,\frac{d[Li_i^{\cdot}]}{dx}.$$

Der bipolare Diffusionskoeffizient D_{Li}^{bi} ist konzentrationsabhängig im Unterschied zum Koeffizienten D_{Li}, der den Feldeinfluß nicht mit enthält. — Um n zu eliminieren, kann man die „quasineutrale Approximation" $n = [Li_i^{\cdot}] + p$ verwenden, da die gebildeten Raumladungen gering bleiben. Weiterhin darf wegen der gegenüber der Diffusionsgeschwindigkeit sehr großen Geschwindigkeit der Gleichgewichtseinstellung $p = n_i^2/n$ gesetzt werden. Das entspricht der Annahme *lokalen* Gleichgewichts, die für Diffusionsprobleme im Festkörper oft eine gute Näherung darstellt. Unter Beachtung von $n \geqq [Li_i^{\cdot}]$ und von (3.6) resultiert dann näherungsweise für den bipolaren Diffusionskoeffizienten

$$D_{Li}^{bi} = D_{Li}\left(1 + \frac{[Li_i^{\cdot}]}{n}\,\frac{dn}{d[L_i^{\cdot}]}\right)$$

$$= D_{Li}\left(1 + \frac{[Li_i^{\cdot}]}{([Li_i^{\cdot}]^2 + 4n_i^2)^{1/2}}\right).$$

---

[1]) Ältere Bezeichnung: „Ambipolare Diffusion".

Wir betrachten zwei Grenzfälle:

a) Im n-Halbleiter mit $[\mathrm{Li_i^{\cdot}}] \gg n_i$ ergibt sich $D_{\mathrm{Li}}^{\mathrm{bi}} = 2D_{\mathrm{Li}}$. Die Ionen wandern hier infolge der „Schlepperwirkung" der vorauseilenden Elektronen doppelt so schnell wie ohne elektrisches Feld.

b) Im Eigenhalbleiter mit $[\mathrm{Li_i^{\cdot}}] \ll n_i$ ergibt sich $D_{\mathrm{Li}}^{\mathrm{bi}} = D_{\mathrm{Li}}$. Hier tritt wegen der praktisch ortsunabhängigen Elektronenkonzentration $n = n_i$ keine Schlepperwirkung mehr auf.

Wesentlich stärkere Feldeinflüsse auf dieDiffusion können im Entartungsfall sowie durch die Anwesenheit entgegengesetzt geladener Störstellen (s. a. Abschn. 5.2.) entstehen.

3.4. Thermodynamische Behandlung der Diffusion

Nach der Thermodynamik der irreversiblen Prozesse ist die Triebkraft $\boldsymbol{X}$ für die Diffusion durch den negativen Gradienten des chemischen bzw. — bei geladenen Diffusanten — des elektrochemischen Potentials gegeben. Mit (2.62) gilt also für nicht zu hohe Konzentrationen und Konzentrationsgradienten[1])

$$\boldsymbol{X} = -\frac{\mathrm{d}\mu_r}{\mathrm{d}x} = -kT\,\frac{\mathrm{d}\ln[\mathrm{r}]}{\mathrm{d}x} - z_r e\,\frac{\mathrm{d}\varphi}{\mathrm{d}x}.$$

Während der zweite Beitrag eine reale, durch das elektrische Feld $(-\mathrm{d}\varphi/\mathrm{d}x)$ auf das Einzelteilchen ausgeübte Kraft darstellt, ergibt sich der erste Beitrag als „Diffusionskraft" erst im statistischen Mittel für eine größere Anzahl von Teilchen, von denen bei einem negativen

[1]) Anderenfalls können Abweichungen vom ideal verdünnten Verhalten durch Aktivitätskoeffizienten f_r berücksichtigt werden, was auf einen zusätzlichen „thermodynamischen Faktor" $(1 + \mathrm{d}\ln f_r/\mathrm{d}\ln[\mathrm{r}])$ des Konzentrationsgradienten führt.

Konzentrationsgradienten mehr in x-Richtung als in Gegenrichtung wandern.

Wird die resultierende Geschwindigkeit pro Einheitskraft, also die „mechanische Beweglichkeit", mit b_r bezeichnet, so ergibt sich als Produkt von Geschwindigkeit und Volumenkonzentration die Teilchenstromdichte

$$j_r = b_r[r]\,\boldsymbol{X} = -b_r kT\,\frac{d[r]}{dx} - z_r e b_r kT\,\frac{d\varphi}{dx}.$$

Führt man den Diffusionskoeffizienten durch $D_r = b_r kT$ ein, so folgt wieder (3.5), die damit für beliebige, unabhängig wandernde[1]) Teilchenarten bewiesen ist. Da die (elektrische) Beweglichkeit durch $u_r = |z_r|\,e b_r$, d. h. durch den Geschwindigkeitsbetrag pro Einheitsfeldstärke gegeben ist, resultiert weiterhin die *Nernst-Einstein*-Beziehung

$$D_r = \frac{kT}{|z_r|\,e}\,u_r. \tag{3.7}$$

Sie kann zur Bestimmung von Diffusionskoeffizienten aus Driftmessungen im elektrischen Feld dienen.

3.5. *Leerstellenmechanismus der Diffusion*

Der Elementarprozeß beim Leerstellenmechanismus ist der Sprung eines Atoms von einem Gitterplatz in eine unmittelbar benachbarte Leerstelle. Es liegt ein analoger Enthalpieverlauf wie in Abb. 33b vor, wobei sich die Minima jetzt an den Gitterplätzen befinden und

[1]) Bei gemeinsamer Diffusion verschiedener Teilchenarten treten zusätzliche „Kopplungsglieder" auf, die aber z. B. bei der bipolaren Diffusion von Zwischengitterionen und elektronischen Ladungsträgern praktisch vernachlässigbar sind. Dagegen sind sie u. a. bei der gemeinsamen Diffusion von Atomen und Leerstellen (Abschn. 3.5) zu berücksichtigen. Bei Selbstdiffusion führt dies auf den Korrelationsfaktor 1/2 in (3.9), der bei geladenen Gitterbausteinen auch auf der rechten Seite der *Nernst-Einstein*-Gleichung (3.7) hinzutritt.

die dazwischen zu überwindende Barriere als Aktivierungsenthalpie ${}^{a}H_V$ bezeichnet wird. Die zu (3.3) und (3.4) führende Betrachtung ist auf die Diffusion der Vakanzen ohne weiteres übertragbar mit dem der *Arrhenius*-Gleichung entsprechenden Ergebnis für den Vakanzen-Diffusionskoeffizienten

$$D_V = D_{oV} \exp\left(-\frac{{}^{a}H_V}{kT}\right). \tag{3.8}$$

Selbstdiffusion

Beim Platzwechsel der Vakanzen mit Grundgitteratomen, z. B. Ge_{Ge}^{x} in Germanium, liegt Selbstdiffusion vor, die sich mit radioaktiv markiertem Ge als Isokonzentrationsdiffusion verfolgen läßt. Dabei setzt der Platzwechsel eines markierten Atoms voraus, daß der unmittelbar benachbarte Gitterplatz leer ist. Die Wahrscheinlichkeit hierfür ist durch die Gitterkonzentration der Vakanzen $[V_{Ge}]_G$ gegeben, der der Selbstdiffusionskoeffizient D_{Ge} daher proportional ist. Unter Berücksichtigung eines zusätzlichen „Korrelationsfaktors“ 1/2 gilt[1])

$$D_{Ge} = \frac{1}{2}\,[V_{Ge}]_G\, D_V = D_{oGe} \exp\left(-\frac{{}^{a}H_{Ge}}{kT}\right). \tag{3.9}$$

Hierdurch wird D_{Ge} gegenüber dem Vakanzen-Diffusionskoeffizienten D_V um mehrere (z. B. am Schmelzpunkt nach Abb. 34 um 7 bis 8) Größenordnungen abgesenkt. Außerdem wird die *experimentelle Aktivierungsenthalpie* ${}^{a}H_{Ge}$ gegenüber der Barrierenhöhe ${}^{a}H_V$ um einen *Beitrag von der Vakanzenbildung* vergrößert, der ebenso wie die Totalkonzentration $[V_{Ge}]_G$ *dotierungsabhängig* ist.

---

[1]) Während für eine Vakanz die Wahrscheinlichkeit der Sprünge auf jeden ihrer Nachbarplätze gleich ist, besteht für ein (markiertes) Atom eine bevorzugte Tendenz, wieder auf den zuvor eingenommenen Platz zurückzuspringen. Die quantitative Behandlung dieser Korrelation aufeinanderfolgender Sprünge führt für den Diamant-Gittertyp auf den Faktor 1/2 in (3.9).

Für seine Berechnung können auf Grund der geringen Einfachionisierungsenergie E_a neutrale Vakanzen (und weitere Ionisationsstufen, wie auch in Abb. 34) vernachlässigt werden, so daß mit (2.77) die Totalkonzentration

$$[V_{Ge}]_G = [V'_{Ge}]_G = \frac{K_{Va}}{p} \tag{3.9a}$$

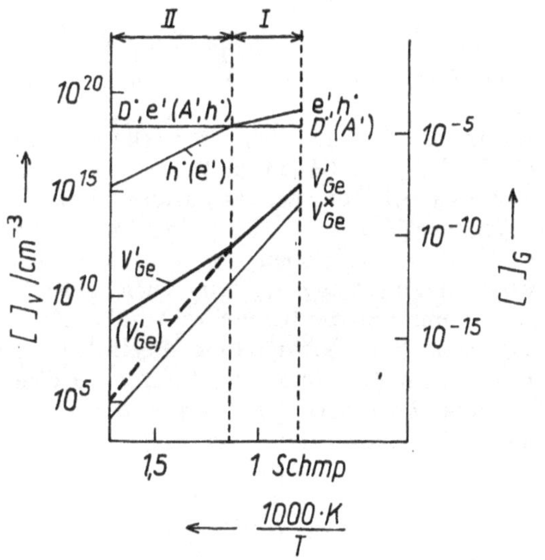

Abb. 34. Temperaturabhängigkeit der Defektkonzentrationen in Ge bei Dotierung mit Fremddonatoren D (bzw. Fremdakzeptoren A, eingeklammerte Angaben), vereinfacht nach einer Modellrechnung von *Kröger* (mit $E_a = 0{,}02$ eV, $\Delta H_V = 2{,}2$ eV und $K_{0V} = 6 \cdot 10^{23}$ cm^{-4})

wird. K_{Va} ist die Gleichgewichtskonstante der Reaktion $0 \leftrightarrows V'_{Ge} + h^{\cdot}$ mit der Enthalpieänderung $\Delta H_{Va} = E_a + \Delta H_V \approx \Delta H_V = 2{,}2$ eV, wobei ΔH_V die Bildungsenthalpie neutraler Vakanzen aus (2.24) darstellt.

In eigenleitendem Ge (Bereich I in Abb. 34) wird mit $p = n_i \propto \exp\left(-\frac{E_g}{2kT}\right)$ in (3.9a):

$$[V'_{Ge}]_G \propto \exp\left(-\frac{H_{Va} - \frac{1}{2} E_g}{kT}\right)$$

und somit

$$^{a}H_{Ge}(\text{Eigenl.}) = {}^{a}H_V + \Delta H_{Va} - \frac{1}{2} E_g .$$

Von dieser experimentellen Aktivierungsenthalpie macht die Barrierenhöhe $^{a}H_V$ mit etwa 1 eV nur weniger als die Hälfte aus.

Der Restbeitrag ändert sich bei Störstellenleitung, die im Bereich II der Abb. 34 durch temperaturunabhängige Donator- bzw. Akzeptorkonzentrationen bewirkt wird. Diese liegen (wie in Abschn. 2.8.) eingefroren vor, während sich die Konzentrationen der Vakanzen und der elektronischen Ladungsträger noch ins Gleichgewicht setzen können. Es kommt zu der bereits im Abschn. 2.6.1. für den isothermen Fall behandelten Beeinflussung der Konzentration ionisierter Vakanzen durch die Dotierungskonzentrationen $[D^{\cdot}]$ bzw. $[A']$, wobei der $[V^{x}_{Ge}]$-Verlauf unverändert (2.24) folgt. Aus (3.9) resultiert mit

$n = [D^{\cdot}]$ bzw.	$p = [A']$:
$[V'_{Ge}]_G \propto [D^{\cdot}]\exp\left(-\frac{H_{Va} - E_g}{kT}\right)$	$[V'_{Ge}]_G \propto [A']^{-1}\exp\left(-\frac{H_{Va}}{kT}\right)$
$^{a}H_{Ge}(n\text{-Typ}) = {}^{a}H_V + \Delta H_{Va} - E_g$	$^{a}H_{Ge}(p\text{-Typ}) = {}^{a}H_V + \Delta H_{Va}$.

Für $[V'_{Ge}]_G$ kommt diese *Anhebung bzw. Absenkung gegenüber dem Eigenleitungsfall* im dick ausgezogenen bzw. gestrichelten Verlauf des Bereichs II der Abb. 34 zum Ausdruck. Sie wird bestätigt durch eine entsprechende Änderung der experimentellen Aktivierungsenthalpie der Selbstdiffusion ${}^{a}H_{Ge}$ um $\pm 1/2E_g$ bei Dotierung gegenüber dem Wert im eigenleitenden Ge. Diese Übereinstimmung ist eine wichtige Stütze für den beschriebenen Leerstellenmechanismus der Selbstdiffusion in Germanium, der heute als gesichert angesehen wird.

Für Silizium kommt ebenfalls der Leerstellen-Selbstdiffusionsmechanismus in Betracht, wobei jedoch die Termlagen der Vakanzen und die experimentellen Befunde über ihre Konzentrationsbeeinflussung durch Dotierung noch unsicher sind.[1]) — Sowohl bei Si als auch bei Ge nimmt die Barrierenhöhe beim Übergang zu tiefen Temperaturen (in Bestrahlungsexperimenten) auf ca. 1/4 des Hochtemperaturwertes ab, wofür Veränderungen in der Umgebung der Eigenstörstellen hinsichtlich der Gleichgewichtskonfiguration oder des Übergangszustands als Ursache diskutiert werden.

Langsame Fremddiffusanten

Die substitutionellen Dotanten der 3. und 5. Gruppe in Si und Ge können ebenfalls nach dem Leerstellenmechanismus diffundieren. Jedenfalls sind sie bei ihrer Wanderung auf Eigenstörstellen angewiesen, deren geringe, stark temperaturabhängige Konzentration die proportionalen Diffusionskoeffizienten gegenüber den schnellen Diffusanten erheblich verkleinert und stärker temperaturabhängig macht (Abb. 34).

Für die geringeren, gegenseitigen Unterschiede der D_T-Werte langsamer Diffusanten (einschl. der Selbstdiffusionskoeffizienten) kommen verschiedene Ursachen

---

[1]) Eine neuerdings viel diskutierte Alternative ist der sog. indirekte Zwischengittermechanismus (s. Abschn. 4.5. zu Bild 44), der auch für langsame Fremddiffusanten in Betracht kommt. In Analogie zu (3.9) sind dabei die Diffusionskoeffizienten direkt proportional zur Konzentration interstitieller Si-Atome oder -ionen, die ebenso wie die Vakanzenkonzentration sehr gering und stark temperaturabhängig, aber noch nicht näher bekannt ist.

in Betracht, deren Auswirkungen im einzelnen noch nicht getrennt werden können. Am wenigsten ist über die temperaturabhängigen Korrelationsfaktoren bekannt, die für die Fremddiffusion an die Stelle des Faktors 1/2 in (3.9) treten. Weiterhin hängen die Barrierenhöhe und die Aktivierungsentropie von der Art des Atoms ab, das mit der Eigenstörstelle den Platz wechselt. Schließlich ist ein prinzipieller Unterschied der Fremd- gegenüber der Selbstdiffusion durch die *direkte Wechselwirkung zwischen Fremdatomen und Eigenstörstellen* bedingt, auf die noch etwas näher eingegangen werden soll.

Sie läßt sich bei Anziehungskräften nach Abschn. 2.7. als Assoziation beschreiben, z. B. zwischen Fremddonatoren $F^{\cdot}_{Ge}$ und V'_{Ge} durch $F^{\cdot}_{Ge} + V'_{Ge} \leftrightharpoons (F_{Ge}V_{Ge})^{x}$. Entsprechend (2.81) beträgt dann die Wahrscheinlichkeit dafür, daß einer der 4 neben einem F-Atom befindlichen Gitterplätze vakant ist,

$$\frac{[(F_{Ge}V_{Ge})^{x}]_G}{4[F^{\cdot}_{Ge}]_G} = [V'_{Ge}]_G \exp\left(-\frac{\Delta H_{FV}}{kT}\right).$$

Die Platzwechselwahrscheinlichkeit ist also gegenüber der Selbstdiffusion um den Faktor $\exp(-\Delta H_{FV}/kT)$ erhöht. Umgekehrt wird sie bei Abstoßungskräften zwischen Fremdakzeptoren F'_{Ge} und V'_{Ge} erniedrigt. Dies kann den Unterschied zwischen den Isokonzentrations-Diffusionskoeffizienten der Elemente der 3. und denen der 5. Gruppe im Germanium in Abb. 32 zumindest teilweise erklären.

Im Konzentrationsgradienten kommt es bei Störleitung für die ionisierten Fremdakzeptoren in Ge unter bipolarer Diffusion zu einer Schlepperwirkung durch Defektelektronen (vgl. Abschn. 3.3.), während die ionisierten Fremddonatoren gemeinsam mit den Vakanzen als effektiv neutrale Assoziate $(F_{Ge}V_{Ge})^{x}$ wandern. Weiterhin tritt im Störleitungsbereich die bereits bei der Selbstdiffusion diskutierte Beeinflussung der Vakanzenkonzentrationen und damit der Diffusionskoeffizienten D_r ein, wobei in Ge die Fremddonatoren ihre eigenen D_r-Werte erhöhen, während für die Fremdakzeptoren das Umgekehrte gilt.

3.6. *Dissoziativer Mechanismus der Diffusion*

Nachdem wir die ausschließlich substitutionell eingebauten und zuvor die ausschließlich interstitiell eingebauten Elemente in Ge und Si betrachtet haben, sollen nun noch Diffusanten behandelt werden, die *sowohl interstitiell als auch substitutionell* auftreten und zu denen vor allem *Übergangselemente* gehören.

Am besten untersucht ist Cu in Ge, das im Hochtemperatur-Gleichgewicht zu 99% als Cu_{Ge} und zu 1% als Cu_i vorliegt. Dieses Beispiel ist dadurch relativ einfach, daß das Cu_i direkt durch das Zwischengitter wesentlich schneller wandert als das Cu_{Ge} über Gitterplätze, das praktisch keinen Beitrag zur Total-Teilchenstromdichte liefert:

$$j_{Cu} = -D_{tot} \frac{d([Cu_i] + [Cu_{Ge}])}{dx} = -D_{Cu_i} \frac{d[Cu_i]}{dx}. \quad (3.10)$$

Infolge der Abwanderung des Cu_i wird seine Nacherzeugung zur Wiederherstellung des Gleichgewichts mit dem Cu_{Ge} erforderlich. Dies erfolgt durch die Reaktion[1])

$$Cu_{Ge} + V_i \leftrightharpoons Cu_i + V_{Ge} \quad \text{mit} \quad \frac{[Cu_i][V_{Ge}]}{[Cu_{Ge}]} = K, \quad (3.11)$$

die im übertragenen Sinne als „Dissoziation" der substitutionellen Atome in Zwischengitteratome und Leer-

---

[1]) Die Cu-Dotierung soll gering sein, so daß die Lage des *Fermi*-Niveaus bei der Diffusionstemperatur unverändert bleibt und die Ladung der Störstellen außer Betracht bleiben kann. (Störstellenladungen werden für den dissoziativen Mechanismus in Abschn. 4.5. berücksichtigt.)

stellen bezeichnet werden kann und dem Diffusionsmechanismus seinen Namen gegeben hat. — Am Ankunftsort der Cu_i werden durch die Rückreaktion mit V_{Ge} wieder Cu_{Ge} gebildet, so daß sich auch hier das lokale Gleichgewicht (3.11) einstellen kann. Wir diskutieren zwei Grenzfälle:

a) Bei einer ausreichenden Dichte von Versetzungen als Quellen und Senken für Vakanzen stellt sich eine ortsunabhängige Gleichgewichtskonzentration $[V_{Ge}] = [V_{Ge}]_{gl}$ ein. Also wird $[Cu_i]/[Cu_{Ge}] = K/[V_{Ge}]_{gl} = \text{const.}$ Hiermit folgt aus (3.10)

$$D_{tot} = \frac{[Cu_i]}{[Cu_i] + [Cu_{Ge}]} D_{Cu_i} \approx \frac{[Cu_i]}{[Cu_{Ge}]} D_{Cu_i} = 0{,}01 \, D_{Cu_i} \tag{3.12}$$

als der in Abb. 32 eingetragene, „totale" Diffusionskoeffizient. Er ergibt sich einleuchtenderweise als das Produkt aus dem Zwischengitter-Diffusionskoeffizienten D_{Cu_i} und der Wahrscheinlichkeit, daß sich ein Cu-Atom im Zwischengitter aufhält (1% im hier vorliegenden Gleichgewicht).

b) Wesentlich langsamer erfolgt der Cu-Transport in versetzungsfreies Ge, weil dann im Kristallinneren keine Quellen für Vakanzen vorliegen. Hier sind die einwandernden Cu_i auf die Mitwanderung von Vakanzen aus der Oberfläche angewiesen, damit durch die Rückreaktion von (3.11) das Cu substitutionell eingebaut werden kann. Diese V_{Ge}-Mitwanderung erfolgt verzögert, so daß sich zuerst die der Zwischengitterlöslichkeit entsprechende Cu_i-Konzentration weitgehend einstellt und der weitere Einbau als Cu_{Ge} dann durch die langsamere Vakanzendiffusion bestimmt wird. Dieses letztere Stadium ist in Abb. 35 gezeigt, wobei als zusätzliche Vakanzenquelle die Rückseite des Kristalls auftritt (die gegen Diffusantenzutritt aus der Gasphase sorgfältig abgeschirmt ist). Hier kann mit dem rasch nachgelieferten Cu_i die Rückreaktion von (3.11) wesentlich häufiger als im Kristallinneren erfolgen, so daß es zu einer Akkumulation des Diffusanten kommt, die als entscheidendes experimentelles Kriterium für das Vorliegen des dissoziativen Mechanismus zu werten ist.

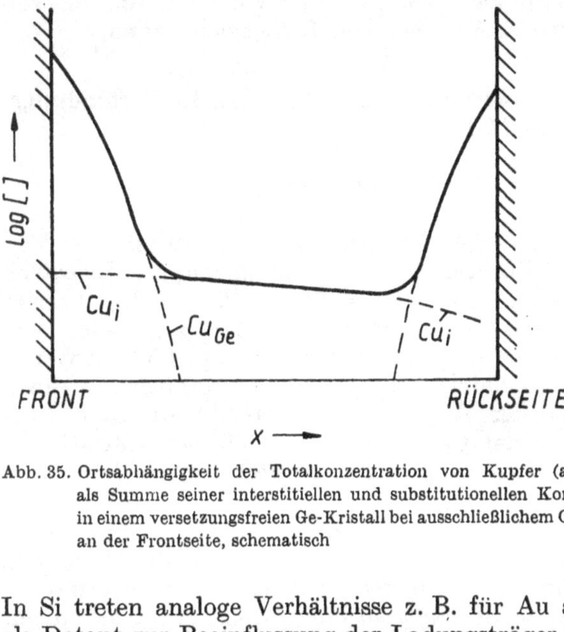

Abb. 35. Ortsabhängigkeit der Totalkonzentration von Kupfer (ausgezogen) als Summe seiner interstitiellen und substitutionellen Konzentration in einem versetzungsfreien Ge-Kristall bei ausschließlichem Cu-Angebot an der Frontseite, schematisch

In Si treten analoge Verhältnisse z. B. für Au auf, das als Dotant zur Beeinflussung der Ladungsträger-Rekombinationsrate (Abschn. 2.3.2.) verwendet wird. — Die Untersuchung der Ausscheidung solcher Dotanten beim Überschreiten der Löslichkeitsgrenze durch Abkühlen ermöglicht quantitative Aussagen über die dissoziative Diffusion und damit über die Diffusionskoeffizienten der Vakanzen, unabhängig von Selbstdiffusionsmessungen.

Abschließend sei angemerkt, daß neben dem im obigen Beispiel behandelten, mittelbaren Einfluß von Versetzungen, der über die Eigenstörstellenkonzentration auf die Diffusion ausgeübt wird, auch ein unmittelbarer Versetzungseinfluß in Gestalt einer Diffusion längs Versetzungslinien als parasitäre Erscheinung in Halbleitern auftritt. Sie ist im Vergleich zur schnellen, dissoziativen Diffusion gering, während sie für langsame Diffusanten als „Nebenschluß“ zur Diffusion im versetzungsfreien Volumen eine Rolle spielen kann.

4. Fehlordnung und Diffusion in Verbindungshalbleitern

4.1. *Einführung (Zustandsdiagramm)*

Gegenüber den Elementhalbleitern zeigen die Verbindungshalbleiter wesentlich ausgeprägtere Eigenfehlordnungserscheinungen (Abschn. 4.2. u. 4.3.), die sich entsprechend auf die Fremdfehlordnung (Abschn. 4.4.) und auf die Störstellendiffusion (Abschn. 4.5.) auswirken. Diese Besonderheit beruht auf der größeren Mannigfaltigkeit der Eigenstörstellenarten sowie auf einer Steigerung der Gesamt-Eigenstörstellenkonzentrationen, die mit *Abweichungen von der stöchiometrischen Zusammensetzung* einhergeht.

Solche Abweichungen sind wegen der im allgemeinen unterschiedlichen Tendenz der verschiedenen Atomarten, Eigenstörstellen zu bilden, von vornherein zu erwarten, und zwar *in Abhängigkeit* vom Atomangebot und damit *von der Zusammensetzung der Kristallumgebung* (Schmelze, Gasphase). Am Beispiel von Vakanzen V_A und V_B in AB-Verbindungen wurde bereits im Abschnitt 2.4.2. die *Variierbarkeit der Eigenstörstellenkonzentrationen bei festliegender Temperatur* als wesentlicher Unterschied zu den reinen Elementkristallen konstatiert. Makroskopisch betrachtet ist sie ein Ausdruck der zusätzlichen Freiheit F im *Gibbs*schen Phasengesetz

$$P + F = K + 2,$$

die bei der Erhöhung der Zahl unabhängiger Komponenten K auf 2 gegenüber den Elementkristallen mit K = 1 auftritt. Daher ist bei binären Verbindungskristallen im Zweiphasengleichgewicht mit einer äußeren Phase (P = 2) die Zahl der Freiheiten F = 2, so daß bei festgelegter Temperatur die Kristallzusammensetzung und damit die Eigenstörstellenkonzentration variierbar ist.

Die Variationsbreite der Kristallzusammensetzung ist bei den hier besonders interessierenden $A^N B^{VIII-N}$- und $A^{IV}B^{VI}$-Verbindungen so gering, daß sie sich im üblichen Zustandsdiagramm der Abb. 36a einer zeichnerischen Darstellung entzieht und gesondert in Abb. 36b veranschaulicht ist. Die maximalen Stöchiometrieabweichungen liegen bei den meisten dieser Verbindungen weit unter 1 Atom-%, wobei Werte in der Größenordnung von 0,01 Atom-% als typisch gelten können. Ihnen entsprechen größenordnungsmäßig 10^{19} Eigenstörstellen/cm^3, also einige Zehnerpotenzen mehr als bei den Elementhalbleitern (vgl. z. B. Abb. 34). Trotzdem darf hier noch mit weitgehend statistisch verteilten Störstellen und kleinen Störstellenassoziaten gerechnet werden. Kompliziertere Störstellenaggregate treten z. B. in Übergangsmetallverbindungen mit größeren Stöchiometrieabweichungen (> 1 Atom-%) auf, die hier außer Betracht bleiben.

Abbildung 36 gilt zunächst für das Schmelzgleichgewicht unter konstantem Druck bei Ausschluß der Gasphase. Jedoch stimmen die Kurvenverläufe und insbesondere die Stabilitätsgrenzen der Verbindung um das in Abb. 36b schraffierte Gebiet praktisch mit denjenigen überein, die im Dreiphasengleichgewicht mit der — während der Kristallpräparation praktisch stets vorhandenen — Gasphase vorliegen. In diesem Gleichgewicht (F = 1) ändern sich mit der Temperatur zwangsläufig auch Zusammensetzung und Druck.

Die Stabilitätsgrenze zeigt bei Temperaturen unterhalb der maximalen Stöchiometrieabweichung einen retrograden Verlauf, da die Breite des Stabilitätsgebietes

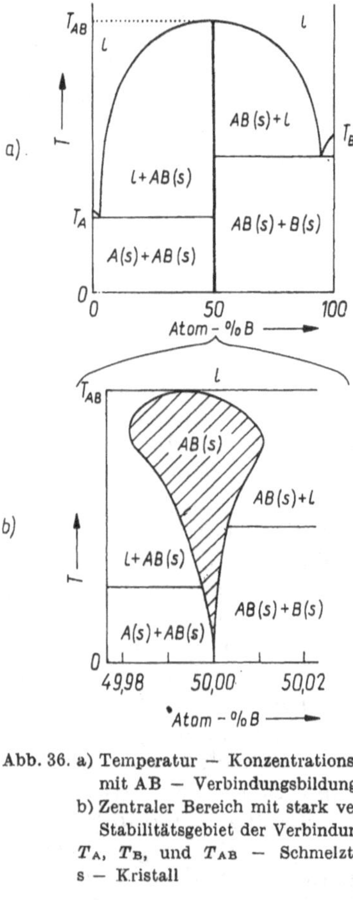

Abb. 36. a) Temperatur — Konzentrationsdiagramm eines binären Systems mit AB — Verbindungsbildung
b) Zentraler Bereich mit stark vergrößertem Konzentrationsmaßstab; Stabilitätsgebiet der Verbindung schraffiert
T_A, T_B, und T_{AB} — Schmelztemperaturen; l — Schmelze; s — Kristall

mit der Eigenfehlordnung im Gleichgewicht am absoluten Nullpunkt verschwindet. Daraus resultiert die Gefahr fremdphasiger Ausscheidungen (Schmelze bzw. A- oder B-Kristalle) bei der Abkühlung oder einer anschließenden Temperung nichtstöchiometrischer Kristalle, die im allgemeinen bei der Züchtung erhalten werden. Schon aus diesem Grunde ist die Kenntnis der Stabilitätsgrenzen erstrebenswert, die im übrigen für die maximal im Hochtemperaturgleichgewicht erreichbaren Eigenstörstellenkonzentrationen maßgebend sind.

Eine direkte analytische Bestimmung der geringen Stöchiometrieabweichungen und damit der Stabilitätsgrenzen war bisher nur in Ausnahmefällen möglich; z. B. wurden so in GaP, bis zu $0{,}02_5$ Atom-% Ga-Überschuß gemessen. Im allgemeinen ist man auf die indirekte Bestimmung aus den Eigenstörstellenkonzentrationen angewiesen, die auch um ihrer selbst willen sowie für zahlreiche weitere, physikalische und chemische Aussagen von hohem Interesse sind. Der Weg dazu ist aufwendig und hat erst bei wenigen Verbindungshalbleitern zu einigermaßen gesicherten Ergebnissen geführt. Er wird im folgenden anhand einfacher Modellfälle deutlich gemacht.

4.2. *Gleichgewichte mit neutralen Eigenstörstellen*

Die Eigenstörstellenbildung unter Stoffaustausch mit der Gasphase soll für AB-Kristalle zunächst am Beispiel neutraler Vakanzen behandelt werden. Sie kann unter Erhaltung der Gitterplatzzahl (Abschn. 2.4.2.) erfolgen nach

$$\mathrm{A_A^x} \leftrightharpoons \mathrm{A(g)} + \mathrm{V_A^x}; \quad [\mathrm{V_A^x}]\, P_\mathrm{A} = K_\mathrm{A}; \tag{4.1}$$

$$\mathrm{B_B^x} \leftrightharpoons \mathrm{B(g)} + \mathrm{V_B^x}; \quad [\mathrm{V_B^x}]\, P_\mathrm{B} = K_\mathrm{B}. \tag{4.2}$$

Die Vakanzenkonzentrationen ändern sich folglich gegensinnig zu den zugehörigen Partialdrücken der atomaren Elemente über dem Kristall, entsprechend einer Auffüllung von Vakanzen mit zunehmendem Atomangebot. P_A und P_B sind verknüpft durch das Atomisierungsgleichgewicht des Kristalls

$$\mathrm{A_A^x} + \mathrm{B_B^x} \leftrightharpoons \mathrm{A(g)} + \mathrm{B(g)}; \quad P_\mathrm{A} P_\mathrm{B} = K_\mathrm{AB}. \tag{4.3}$$

Durch Linearkombination dieser drei Reaktionsgleichungen ergibt sich wieder das *Schottky*-Gleichgewicht, das in Abschnitt 2.4.2. bei der Behandlung der Vakanzenbildung ohne Stoffaustausch mit der Kristallumgebung resultierte:

$$0 \leftrightharpoons V_A^x + V_B^x; \quad [V_A^x]\,[V_B^x] = K_S. \tag{4.4}$$

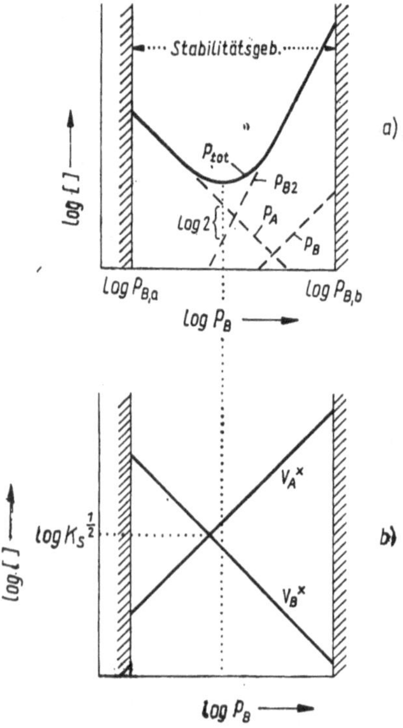

Abb. 37. a) Gleichgewichtsdrücke
b) Konzentrationen neutraler Vakanzen als Funktion des B-Partialdrucks über einem AB-Kristall.

Die Zusammenhänge (4.1) bis (4.4) sind in Abb. 37 veranschaulicht. Die Gleichgewichtsdrücke über dem Kristall können zur Steuerung seiner Eigenstörstellenkonzentrationen bis zum Auftreten einer dritten Phase variiert werden, also z. B. bis zum Auftreten der Schmelze an der rechten oder der linken Grenze des Stabilitätsgebietes aus Abb. 36 bei der angenommenen Temperatur. Dabei ändern Kristall und Gasphase ihre Zusammensetzung gleichsinnig unter Anstieg des B-Gehalts mit dem als unabhängige Veränderliche gewählten B-Partialdruck.

Als leicht zu berücksichtigende Komplikation treten Gasmoleküle auf, wobei über den $A^N B^{VIII-N}$ — und den $A^{IV}B^{VI}$-Kristallen für die Nichtmetalle B vor allem B_2-Moleküle dominieren können. Für den Totaldruck $P_{tot} \approx P_A + P_{B_2}$ ergibt sich mit (4.3) und dem Dissoziationsgleichgewicht von B_2 ein Minimum bei $P_A \approx 2P_{B_2}$ (Abb. 37a), an dem Gas und Kristall im Falle der Koexistenz die gleiche, azeotrope Zusammensetzung haben. Sie kann sich spontan beim Sublimieren der Verbindung einstellen, die dann als „Minimaldruckmaterial" bezeichnet wird und eine Stöchiometrieabweichung im Inneren des Stabilitätsgebietes besitzt. Solche Verhältnisse liegen bei den $A^{II}B^{VI}$- und den $A^{IV}B^{VI}$-Verbindungen bis dicht unterhalb des Schmelzpunktes vor. — Die Situation ändert sich, wenn die Bedingung $P_A \approx 2P_{B_2}$ im Gleichgewicht mit dem Kristall nicht mehr erfüllbar ist und über die gesamte Breite des Stabilitätsgebietes eines der beiden Elemente in der Gasphase überwiegt, also z. B. $P_A < 2P_{B_2}$ gilt. Das ist u. a. für GaAs und GaP bereits bei Temperaturen weit unterhalb des Schmelzpunktes der Fall, wobei zusätzlich B_4-Moleküle auftreten. Hier reichert sich das in geringerem Maße absublimierende Ga im Kristall so weit an, das schließlich die Ga-seitige Stabilitätsgrenze erreicht wird und inkongruente Sublimation unter gleichzeitiger Bildung einer Ga-reichen Schmelze eintritt. Es verbleibt also ein nichtstöchiometrischer Kristall mit größtmöglichem Ga-Gehalt.

Der Zusammenhang zwischen Stöchiometrieabweichung und Eigenstörstellenkonzentration soll nun unter der einfachstmöglichen Annahme des ausschließlichen Auftretens neutraler Vakanzen aufgestellt werden. Im AB-

Kristall gilt dann wegen des 1:1-Verhältnisses der A- und B-Gitterplätze für die Gitterkonzentrationen aus (2.2) für nicht zu hohe Stöchiometrieabweichungen, bei denen $[A_A^x]_G + [B_B^x]_G = 2$ gesetzt werden kann:

$$[V_A^x]_G - [V_B^x]_G = [B_B^x]_G - [A_A^x]_G = 2(x_B - x_A)$$

mit den Atombrüchen x_A und $x_B = 1 - x_A$, also

$$x_B - \frac{1}{2} = \frac{1}{4}\,([V_A^x]_G - [V_B^x]_G). \qquad (4.5)$$

Diese Stöchiometrieabweichung[1]) verschwindet für $[V_A^x] = [V_B^x] = K_S^{1/2}$ (Abb. 37b). — Bei Ionisierung der Vakanzen (Abschn. 4.3.) treten deren Totalkonzentrationen an die Stelle von $[V_A^x]_G$ und $[V_B^x]_G$ in (4.5). Im allgemeinen Fall sind analog interstitielle und substitutionelle Eigenstörstellen (Abschn. 2.1.) mit zu berücksichtigen, wobei es oft schwierig ist, die dominierenden Eigenstörstellenarten zu identifizieren.

Aber bereits ohne Kenntnis der Absolutwerte kann die *Variationsbreite der Konzentration neutraler Eigenstörstellen* zwischen den Stabilitätsgrenzen zuverlässig angegeben werden, da die dort vorliegenden Partialdrücke experimentell gut zu bestimmen sind. Mit den Indices a bzw. b für die linke, A-reiche bzw. die rechte, B-reiche Stabilitätsgrenze (Abb. 37) folgt als Verhältnis der dort vorliegenden Höchst- und Mindestwerte aus (4.1) bis (4.3):

$$\frac{P_{B,b}}{P_{B,a}} = \frac{[V_B^x]_a}{[V_B^x]_b} = \frac{[V_A^x]_b}{[V_A^x]_a}. \qquad (4.6)$$

---

[1]) $x_B - 1/2 = s$ kann zur Angabe der Formel der nichtstöchiometrischen Verbindung $A_{1/2-s}B_{1/2+s}$ verwendet werden, die wegen $s \ll 1$ praktisch gleichbedeutend ist mit $A_{1-4s}B$ oder AB_{1+4s}.

Aus den Massenwirkungsgesetzen für die Einbaugleichgewichte interstitieller Atome

$$A(g) + V_i^x \leftrightharpoons A_i^x \quad \text{und} \quad B(g) + V_i^x \leftrightharpoons B_i^x$$

sowie substitutioneller Atome

$$2A(g) \leftrightharpoons A_A^x + A_B^x \quad \text{und} \quad 2B(g) \leftrightharpoons B_B^x + B_A^x$$

ergibt sich entsprechend für deren Konzentrationsverhältnis an den beiden Stabilitätsgrenzen:

$$\frac{P_{B,b}}{P_{B,a}} = \frac{[A_i^x]_a}{[A_i^x]_b} = \frac{[B_i^x]_b}{[B_i^x]_a} = \frac{[A_B^x]_a^{1/2}}{[A_B^x]_b^{1/2}} = \frac{[B_A^x]_b^{1/2}}{[B_A^x]_a^{1/2}}.$$

Diese Verhältnisse sind in Abb. 38 für einige $A^N B^{VIII-N}$-Verbindungen gezeigt.[1]) In hinreichendem Abstand vom Schmelzpunkt werden die Verläufe in dieser Auftragung des Logarithmus gegen $1/T$ nahezu linear, da mit (4.3) $P_{B,b}P_{B,a} = P_{B,b}P_{A,a}K_{AB}$ gilt und bei niedrigen Temperaturen im Dreiphasengleichgewicht die annähernd reinen, kondensierten Elemente vorliegen deren Dampfdruck der *Clausius-Clapeyron*schen Gleichung (2.32) folgt.

Bei großen Stöchiometrieabweichungen dominiert häufig eine — neutrale oder ionisierte — Eigenstörstellenart über alle anderen, so daß z. B. $[V_B^x]_G$ in (4.5) und in Abb. 37b rechts zusammen mit den dort bereits weggelassenen, übrigen Konzentrationen vernachlässigbar wird, wenn $[V_A^x]_G$ dominiert. Demgegenüber sind in *stöchiometrischen* AB-Kristallen zur Wahrung des 1:1-Verhältnisses der Atome und Gitterplätze mindestens 2 Eigenstörstellenarten erforderlich, von denen die eine den A-Gehalt erhöht (V_B, A_i oder A_B) und die

---

[1]) Wie hier, so besitzen auch in den meisten anderen Fällen die $A^{II}B^{VI}$-Verbindungen eine größere Variationsbreite der neutralen Eigenstörstellenkonzentrationen als die A^{III}-B^VVerbindungen bei gleichem Abstand vom Schmelzpunkt. Das heißt jedoch nicht ohne weiteres, daß für die Stöchiometrieabweichungen das Gleiche gilt, da deren Hauptbeitrag oft von ionisierten Störstellen herrührt.

andere den B-Gehalt (V_A, B_i oder B_A). Für die 3 wichtigsten der 9 hierbei möglichen Zweierkombinationen wurden die Bildungsreaktionen im Falle neutraler Störstellen bereits angegeben: Die Reaktion $0 \rightarrow V_A^x + V_B^x$

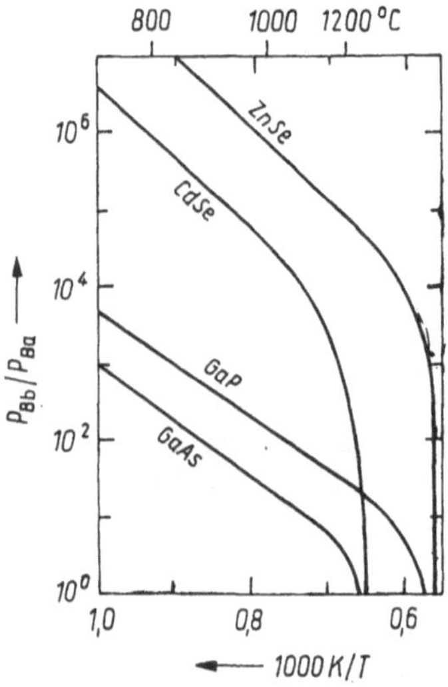

Abb. 38. Verhältnis der Maximal- und Minimalwerte von Eigenstörstellenkonzentrationen $[V_A^x]$, $[V_B^x]$, $[A_i^x]$ und $[B_i^x]$ sowie von $[A_B^x]^{1/2}$ und $[B_A^x]^{1/2}$, für AB-Verbindungen, gegeben durch das Verhältnis der Partialdrücke an den Stabilitätsgrenzen $P_{B,b}/P_{B,a}$ in Abhängigkeit von der Temperatur

(4.4) führt zur *Schottky*-Fehlordnung mit $[V_A^x] = [V_B^x]$, die Reaktion $A_A^x + B_B^x \rightarrow A_B^x + B_A^x$ (2.38) zur *Antistruktur*-Fehlordnung mit $[A_B^x] = [B_A^x]$
und die Reaktion $A_A^x + V_i^x \rightarrow A_i^x + V_A^x$ (2.43) zur *Frenkel*-Fehlordnung mit $[A_i^x] = [V_A^x]$.

Beim Dominieren ionisierter Störstellen können diese Fehlordnungstypen mit Totalkonzentrationen $[V_A]$

$\approx [V_B]$, $[A_B] \approx [B_A]$ oder $[A_i] \approx [V_A]$[1]) über größere Partialdruckbereiche in der Umgebung des stöchiometrischen Punktes vorliegen, wie wir im folgenden sehen werden.

4.3. *Gleichgewichte mit ionisierten Eigenstörstellen*

Wie im vorigen Abschnitt wird zunächst Grundsätzliches am Beispiel von Vakanzen in AB-Verbindungen diskutiert und danach die Erweiterung auf andere Eigenstörstellenarten vorgenommen.

Für eine Modellrechnung sollen einfach ionisierbare A- und B-Vakanzen mit normalem Umladungscharakter (Abschn. 2.2.2.3.) vorliegen, so daß sich für die Ionisierungsgleichwerte ergibt:

$$\frac{[V_A']\,p}{[V_A^x]} = K_a = N_V \exp\left(-\frac{E_a}{kT}\right); \tag{4.7}$$

$$\frac{[V_B^{\cdot}]\,n}{[V_B^x]} = K_d = N_C \exp\left(-\frac{E_d}{kT}\right). \tag{4.8}$$

Weiterhin gilt für die Reaktion $0 \leftrightarrows V_A' + V_B^{\cdot}$ in Analogie zu (4.4)

$$[V_A'][V_B^{\cdot}] = K_S^* = K_S K_a K_d / n_i^2 = K_S \exp\left(\frac{E_g - E_d - E_a}{kT}\right) \tag{4.9}$$

mit den *Schottky*-Konstanten für die ionisierten bzw. neutralen Vakanzen K_S^* bzw. K_S und der Inversionsdichte n_i aus (2.55). Außerdem gilt die Neutralitätsbedingung

$$n + [V_A']\,p + [V_B^{\cdot}]. \tag{4.10}$$

---

[1]) Auf derartige Situationen wird der Begriff „Eigenfehlordnung" in der Literatur über Ionenkristalle, bei denen sie besonders ausgeprägt auftreten, oft beschränkt, was aber im Hinblick auf Halbleiterkristalle unzweckmäßig ist. Auch wird dabei häufig von *Frenkel*-„Defekten", *Schottky*-„Defekten" etc. gesprochen, was nicht darüber hinwegtäuschen darf, daß keine direkte, paarweise Zuordnung von Einzelstörstellen besteht.

Unter Verwendung dieser vier Gleichungen lassen sich die vier neuen Konzentrationen in (4.10) zusammen mit $[V_A^x]$ und $[V_B^x]$ aus (4.2) und (4.4) als Funktionen des Partialdrucks P_B berechnen[1]), der wieder als unabhängige Variable bei konstanter Temperatur gewählt wird. — Für die neutralen Vakanzen gilt unverändert (wie in Abb. 37b)

$$[V_B^x] = K_B/P_B \quad \text{und} \quad [V_A^x] = K_S P_B/K_B .$$

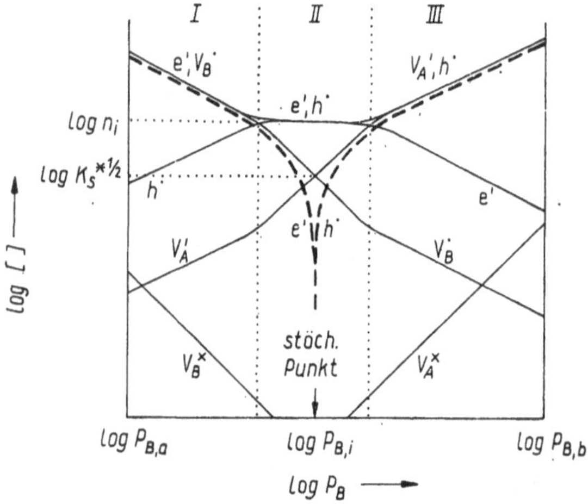

Abb. 39. Konzentrationen der an den Kurven angegebenen Defekte in einem AB-Halbleiter mit $K_s^{*1/2} n_i < 1$ als Funktion des bei der Hochtemperaturpräparation vorliegenden B-Partialdrucks. —— Hochtemperaturgleichgewichtskonzentrationen; - - - Ladungsträgerkonzentrationen nach Abkühlung auf Raumtemperatur

Diese Verläufe sind in Abb. 39 unterhalb derjenigen für die ionisierten Vakanzen eingetragen, was der An-

---

[1]) Allgemein resultiert $\operatorname{arsinh}(n - p)/2n_i + \operatorname{arsinh}(n - p)/2K_s^{*1/2} = \ln P_{B,i}/P_B$ mit dem B-Partialdruck $P_{B,i}$ im Inversionspunkt ($n = p = n_i$) und $\operatorname{arsinh} x = \ln\left(x + \sqrt{x^2 + 1}\right)$. Als Sonderfälle können hieraus die im folgenden mit der anschaulicheren Näherungsmethode behandelten Situationen ebenfalls erhalten werden.

nahme kleiner Ionisierungsenergien E_a und E_d im Vergleich zu E_g – und demzufolge $K_S < K_S^*$ in (4.9) – entspricht.

Zur Konzentrationsberechnung der geladenen Defekte werden wieder Approximationen der Neutralitätsbedingung verwendet. Bei niedrigem B-Partialdruck dominieren die B-Vakanzen als Eigendonatoren, so daß *Eigenstörstellenleitung*[1]) vom n-Typ mit der Approximation

(I) $$n = [V_B^{\cdot}] = (K_B K_d / P_B)^{1/2}$$

im Bereich I der Abb. 39 resultiert. (Ausgezogene Verläufe.) Dementsprechend steigt die Defektelektronenkonzentration $p = n_i^2/n$ proportional zu $P_B^{1/2}$. Sie wird schließlich größer als $[V_B^{\cdot}]$, so daß als neue Approximation gesetzt werden muß:

(II) $$n = p = n_i.$$

Dieser Eigenleitungsbereich II mit $[V_B^{\cdot}] \propto P_B^{-1}$ und $[V_A'] \propto P_B$ endet, sobald $[V_A'] > n$ wird. Danach folgt als letzte Approximation

(III) $$[V_A'] = p = (K_S K_a P_B / K_B)^{1/2},$$

also p-Eigenstörstellenleitung im Bereich III der Abb. 40.

Aus diesen Verläufen im vollständigen Gleichgewicht, das sich bei der Hochtemperaturpräparation einstellen kann, resultieren die gestrichelt eingetragenen Konzentrationsverläufe im Partialgleichgewicht bei Raumtemperatur unter der Annahme, daß die Totalkonzentrationen der Vakanzen beim Abkühlen vollständig einfrieren.[2]) Wegen der starken Abnahme von n_i^2

---

[1]) Die Eigenstörstellenhalbleitung ist hier an Abweichungen von der stöchiometrischen Zusammensetzung gebunden, was beispielsweise dann nicht mehr gilt, wenn nur eine der beiden Vakanzenarten ionisiert ist. – Auf n- oder p-Leitung in reinen, stöchiometrischen Verbindungen wurde der Begriff „Eigenstörstellenhalbleitung" zuerst von *Schottky* angewandt.

[2]) Selbst bei raschem Abkühlen ist mit der Bildung von Assoziaten $(V_A V_B)^{\times}$ zu rechnen, die nur kurze Diffusionswege der Vakanzen erfordert und am stöchiometrischen Punkt am stärksten ist, sich aber nicht auf die elektronischen Ladungsträgerkonzentrationen auswirkt. Wesentlich ist, daß keine

im Vergleich zu K_a und K_d (entsprechend $E_g \gg E_a$ und E_d) tritt dabei im mittleren Teil des Bereiches II eine wesentlich stärkere Verminderung der elektronischen Ladungsträgerkonzentrationen auf als in den äußeren Teilen der Bereiche I und III. Man erkennt, daß — ebenso wie durch Fremdstörstellenleitung — auch durch Eigenstörstellenleitung *pn*-Übergänge herstellbar sind, was u. a. bereits zur Fertigung von Halbleiter-Lasern genutzt worden ist.

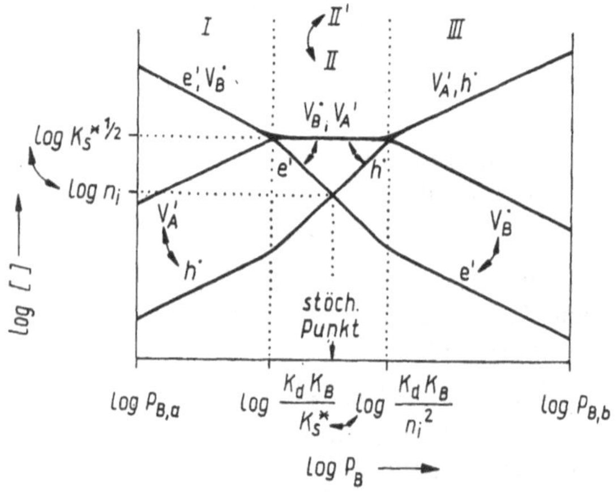

Abb. 40. Defektkonzentrationen in einem AB-Kristall als Funktion des B-Partialdrucks im Hochtemperaturgleichgewicht. Durch Vertauschung im Sinne der Doppelpfeile ergibt sich aus der dominierenden atomaren die dominierende elektronische Eigenfehlordnung im zentralen Bereich (II' bzw. II)

Wesentlich geänderte Verhältnisse ergeben sich, wenn — umgekehrt wie in Abb. 40 — gilt:

$$[V_A'][V_B^{\cdot}] > np, \quad \text{also} \quad K_S^{*1/2}/n_i > 1. \qquad (4.11)$$

Ausscheidungsvorgänge (Abschn. 4.1.) stattfinden, so daß die Stöchiometrieabweichungen und die dominierenden Vakanzenkonzentrationen ungeändert bleiben.

Dies ist in Abb. 40 unter Beschränkung auf das Hochtemperaturgleichgewicht und ohne neutrale Vakanzen gezeigt. Im Bereich I gilt jetzt $[V_A'] > p$, so daß bei steigendem P_B die Approximation

$$\text{(II')} \qquad [V_A'] = [V_B^{\cdot}] = K_S^{*1/2}$$

anstelle eines Eigenleitungsbereichs (II) folgt. Im Bereich II' überwiegt bei ausreichenden Vakanzenbeweglichkeiten, d. h. bei genügend hohen Temperaturen, die ionische gegenüber der elektronischen Leitfähigkeit, insbesondere in der Nähe des Inversionspunktes, der praktisch mit dem stöchiometrischen Punkt zusammenfällt.

Im anschließenden Bereich gilt wieder die Approximation (III) $[V_A'] = p$, aber mit $n < [V_B^{\cdot}]$ im Unterschied zu der Situation in Abb. 39. Diese ergibt sich aus Abb. 40 durch die dort angegebenen Vertauschungen. — Während der Abstand der Grenzen des Bereichs II', die an der P_B-Achse in Abb. 40 angegeben sind, $\log K_S^*/n_i^2$ ist, beträgt die Breite des Bereichs II in Abb. 39 $\log n_i^2/K_S^*$. Für $K_S^*/n_i^2 = 1$ verschwindet der zentrale Bereich.

Von den vier möglichen, zweitermigen Approximationen der Neutralitätsbedingung (4.10) treten also zwei im Sinne einer Alternative auf, die entschieden wird durch den Wert des sog. *Eigenfehlordnungsquotienten*

$$K_S^{*1/2}/n_i = \left(\frac{K_S}{N_C N_V}\right)^{1/2} \exp\left(\frac{E_g - E_d/2 - E_a/2}{kT}\right). \qquad (4.12)$$

Für Werte < 1 bzw. > 1 dominieren die elektronischen bzw. die ionisierten atomaren Defekte in der Umgebung des Inversionspunktes (Bereich II bzw. II').

Diskussion von Realbeispielen

Der letztgenannte Fall wird nach (4.12) durch große Bandabstände E_g begünstigt und tritt bei Isolatoren bzw. Ionenleitern, wie z. B. den Alkalimetallhalogeniden, auf. Eine analoge Situation liegt bei den Silberhalogeniden vor mit *Frenkel*- anstelle von *Schottky*-Fehlordnung, also A_i anstelle von V_B und $[V_A'] [A_i^{\cdot}] = K_F^* > n_i^2$ anstelle von $K_S^* > n_i^2$.

Während bei diesen A^IB^{VII}-Verbindungen lediglich Einfachionisation der Eigenstörstellen vorkommt, tritt bei den übrigen AB-Verbindungen nach Abschn. 2.2.2. auch Mehrfachionisation auf. Ungeachtet dieser und weiterer Komplikationen *dominiert in der Umgebung des Inversionspunktes bei großen Bandabständen die atomare Eigenfehlordnung, während* bei kleineren Bandabständen, d. h. *in den typischen Halbleitern, als Alternative die dominierende elektronische Eigenfehlordnung möglich wird.*

Bei den $A^{II}B^{VI}$-Verbindungen überwiegt meist die Zweifachionisation. In der Umgebung des Inversionspunktes gelten als approximative Neutralitätsbedingungen z. B. in

ZnS ($E_g = 3{,}6$ eV): $[V_{Zn}''] = [V_S^{\cdot\cdot}]$ (*Schottky*-Fehlordnung);

ZnSe ($E_g = 2{,}7$ eV): $[V_{Zn}''] = [Zn_i^{\cdot\cdot}]$ (*Frenkel*-Fehlordnung);

CdTe ($E_g = 1{,}5$ eV): $n = p$ (Eigenleitung).

Im allgemeinen liegen die *Stabilitätsgrenzen unsymmetrisch zum Inversionspunkt* infolge der unterschiedlichen Tendenz zur Bildung und zur Ionisation — bei den $A^{II}B^{VI}$-Verbindungen insbesondere zur Zweifachionisation — der Eigenstörstellen. Im Extremfall ist der Inversionspunkt und auch der stöchiometrische Punkt bei der gegebenen Temperatur nicht mehr im Stabilitätsgebiet enthalten und experimentell nicht realisierbar. Bei den genannten drei Beispielen tritt dies (wie in Abb. 36b) erst dicht unterhalb des Schmelzpunktes ein. Demgegenüber liegt z. B. bei ZnTe im gesamten, der Gleichgewichtseinstellung zugänglichen Temperaturgebiet ein Te-Überschuß und p-Eigenstörstellenleitung mit

$$p = 2[V''_{Zn}] \propto P_{Se}^{1/3}$$

vor[1]). Die hieraus resultierenden Stöchiometrieabweichungen $x_{Te} - 1/2 = 1/4[V''_{Zn}]_G$ (vgl. 4.5) an den Grenzen des Stabilitätsgebietes zeigt Abb. 41. (Insbesondere die

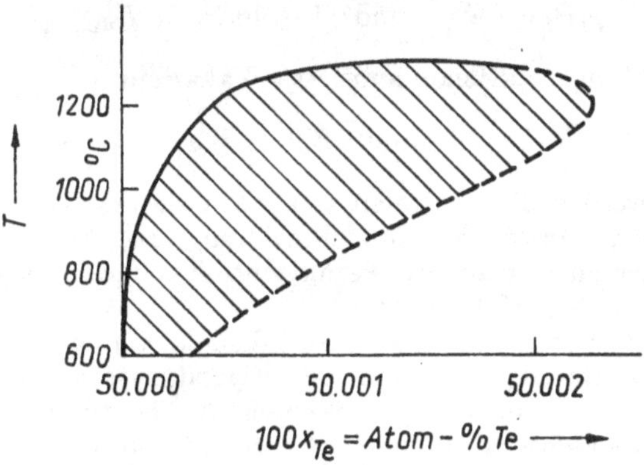

Abb. 41. Stabilitätsgebiet des ZnTe

Werte an der rechten, gestrichelten Stabilitätsgrenze sind möglicherweise wegen der Vernächlassigung neutraler Eigenstörstellen etwas zu klein.)

Bei den Blei-Chalkogeniden PbS, PbSe und PbTe sind jeweils *beide* Eigenstörstellenleitungstypen gut realisierbar. Diese $A^{IV}B^{VI}$-Verbindungen gehörten zu den ersten, hinsichtlich der Stöchiometrieabweichungen intensiv untersuchten Halbleitern und wurden zunächst als Prototypen für das in Abb. 39 vorgestellte (oder

---

[1]) Allgemein kann die überwiegend vorliegende Ionisationsstufe aus der Partialdruckabhängigkeit der Ladungsträgerkonzentrationen entnommen werden. Für p-Eigenstörstellenleitung ergibt sich aus dem Massenwirkungsgesetz und der Neutralitätsbedingung bei z-fach negativer Überschußladung von Vakanzen: $p = z[V_A^{z'}] \propto P_B^{(1/k+1)}$.

für das bei Ersatz von V_B durch A_i daraus hervorgehende) Fehlordnungsmodell mit neutralen und einfach ionisierten Störstellen angesehen. Jedoch muß nach den Aussagen des Abschn. 2.2.2.3. damit gerechnet werden, daß die Vakanzen überhaupt nicht neutral, sondern stets ionisiert auftreten. Bei Einfachionisation sind dann (4.7) und (4.8) zu ersetzen durch die Massenwirkungsgesetze

$$[V_A{}'] \, p/P_B = K_{aA} \quad \text{und} \quad [V_B{}^{\cdot}] \, nP_B = K_{dB}$$

für die Bildungsreaktionen ionisierter Vakanzen

$$B(g) \leftrightharpoons B_B{}^x + V_A{}' + h^{\cdot} \quad \text{und} \quad B_B{}^x \leftrightharpoons B(g) + V_B{}^{\cdot} + e'.$$

Dadurch werden die neutralen Vakanzen eliminiert, die übrigen Ergebnisse der Modellrechnung zu Abb. 39 und 40 aber nicht geändert. Permanente Zweifachionisation kann analog erfaßt werden.

In allen bisher in diesem Abschnitt diskutierten Modellfällen und Beispielen treten als Eigendonatoren V_B oder A_i auf, die zunehmend mit einem A-Überschuß im Kristall überwiegen, sowie als Eigenakzeptoren V_A, die zunehmend mit einem B-Überschuß überwiegen.[1]) Nach Abschn. 2.2.2.1. und Tab. 2 zeigen substitutionelle Eigendonatoren B_A und Eigenkazeptoren A_B das *ent-*

Tabelle 2

Elektrisches Verhalten von Eigenstörstellen in AB-Verbindungen aus Metallen A und Nicht- oder Halbmetallen B. (Eingeklammerte Vakanzen haben anormalen Umladungscharakter.)

	Es können dominieren bei	
	A-Überschuß	B-Überschuß
Donatoren	A_i, V_B	B_A, (V_A)
Akzeptoren	A_B, (V_B)	B_i, V_A

[1]) Eigenakzeptoren B_i zeigen das gleiche Verhalten, treten aber wegen ihres großen Platzbedarfs nach Abschn. 2.2.2.2. selten als dominierende Störstellenart auf.

gegengesetzte Verhalten. Sie rufen also als dominierende Störstellen auch die entgegengesetzte Partialdruckabhängigkeit der elektronischen Ladungsträgerkonzentrationen hervor, was die experimentelle Unterscheidung ermöglicht.[1]) Beispielsweise ergibt sich die neue Situation bei Einfachionisation aus den Abb. 39 u. 40 durch Ersatz von V_B durch B_A und von V_A durch A_B bei Auftragung von $\log P_A{}^2$ anstelle von $\log P_B$ auf der Abszisse. Davon überzeuge man sich durch eine Modellrechnung, die von den bereits im Abschn. 4.2. benutzten Einbaugleichgewichten substitutioneller Eigenstörstellen ausgeht.

Die Möglichkeit des Dominierens solcher Störstellen tritt in den nun noch zu diskutierenden $A^{III}B^{V}$-Verbindungen insbesondere bei geringen Ionizitäten und Bandabständen auf, wobei maximal zweifache Ionisation zu erwarten ist (s. Abschn. 2.1. und 2.2.2.1.). So werden in GaSb Eigenakzeptoren Ga_{Sb} gebildet nach

$$2\,Ga(g) \leftrightarrows Ga_{Ga}^{x} + Ga_{Sb}^{x} \leftrightarrows Ga_{Ga}^{x} + Ga_{Sb}' + h^{\cdot} \leftrightarrows Ga_{Ga}^{x} + Ga_{Sb}'' + 2h^{\cdot}.$$

Sie beherrschen das Leitfähigkeitsverhalten der reinen Verbindung bei Ga-Überschuß.

Widersprüchliche Ergebnisse liegen für GaAs vor. In einigen Fällen wurde ebenfalls eine mit dem Ga-Gehalt zunehmende p-Leitung beobachtet. Als Akzeptoren wurden dementsprechend Ga_{As}-Störstellen oder auch As-Vakanzen mit anormalem Umlagerungscharakter (V_{As}', vgl. Tab. 2) angenommen, der nach Abschnitt 2.2.2.3. im homöopolaren Fall zu erwarten ist. Eine andere Deutungsmöglichkeit bieten Siliziumverunreini-

---

[1]) Demgegenüber ist z. B. eine Unterscheidung zwischen Donatoren A_i und V_B wegen der hier gleichen Partialdruckabhängigkeit mit Hilfe elektrischer Messungen nicht möglich. In solchen Fällen sind vor allem Selbstdiffusionsuntersuchungen (Abschn. 4.5.) sowie der Vergleich von röntgenographisch und volumetrisch bestimmter Massendichte zur Entscheidung heranzuziehen.

gungen als Si'_{As}, deren Konzentration bei gegebenem Si-Angebot (z. B. aus Quarzglaswandungen der GaAs-Züchtungsapparaturen) ebenfalls mit dem Ga-Gehalt zunimmt, wie im nächsten Abschn. (4.4.) gezeigt wird. In besonders reinem GaAs wurde die umgekehrte Partialdruckabhängigkeit der Ladungsträgerkonzentrationen gefunden und auf die in Abb. 40 gezeigte Situation mit einfach ionisierbaren Vakanzen (oder Zwischengitteratomen) normalen Umladungscharakters zurückgeführt.

Für GaP wurden ursprünglich die in Abschn. 4.1. erwähnten Stöchiometrieabweichungen ausschließlich neutral auftretenden Vakanzen zugeschrieben, da die bei Raumtemperatur gemessenen Ladungsträgerkonzentrationen nur sehr wenig von der Zusammensetzung abhängig sind. Als eine andere, interessante Deutungsmöglichkeit wurde das gleichzeitige Auftreten ionisierter Vakanzen und substitutioneller Eigenstörstellen vorgeschlagen, wobei sich die letzteren beim Abkühlen nachbilden und mit Vakanzen zu neutralen Assoziaten zusammenlagern, beispielsweise nach:

a) $Ga^{x}_{Ga} + V_P^{\cdot} + 4e' \leftrightharpoons V''_{Ga} + Ga_P''$,

b) $Ga_P'' + 2V_P^{\cdot} \leftrightharpoons (V_PGa_PV_P)^x$,

c) $V'_{Ga} + V_P^{\cdot} \leftrightharpoons (V_PV_{Ga})^x$,

d) $Ga^{x}_{Ga} + 4V_P^{\cdot} + 4e' \leftrightharpoons (V_PV_{Ga})^x + (V_PGa_PV_P)^x$,

Im Endeffekt tritt also beim Summenprozeß (d) eine Beseitigung der bei hohen Temperaturen vorhandenen Ladungsträger e' infolge teilweiser Umwandlung der Donatoren in Akzeptoren und vollständiger Kompensation ein. Durch den großen Energiegewinn besonders bei der Bildung der Dreierassoziate (b) wird die Energie für die Ga_P-Bildung (a) geliefert. Das Entscheidende ist, daß sich bei allen diesen Prozessen weder die Kristallzusammensetzung noch die Zahl der Gitterplätze ändert, Daher ist keine Beteiligung von Versetzungen oder Kristalloberflächen nötig, und es sind nur kurze Diffusionswege der Störstellen zueinander erforderlich, die auch bei rascher Abkühlung zurückgelegt werden können. Die danach vorliegenden Assoziate wirken sich als Rekombinationszentren (Abschn. 2.3.2.) u. U. erheblich auf das Lumineszenzverhalten des GaP aus.

Dieses Beispiel zeigt, wie das Hinzutreten der früher wenig beachteten substitutionellen Eigenstörstellen in $A^{III}B^{V}$-Verbindungen neuartige Effekte ermöglicht, die in den stärker ionischen Halbleitern nicht auftreten. Natürlich wird dabei die Mannigfaltigkeit der Interpretationsmöglichkeiten erheblich vergrößert. Daher ist noch viel Aufwand erforderlich, um zu gesicherten Aussagen über die Eigenfehlordnung zu gelangen, die grundlegend für die Charakterisierung und technologische Beherrschung der Verbindungshalbleiter und ihres nun zu besprechenden Dotierungsverhaltens ist.

4.4. *Dotierungsgleichgewichte und Selbstkompensation*

Art und Ausmaß des Einbaus von Fremdatomen in Verbindungshalbleiter werden gegenüber den Verhältnissen in Elementhalbleitern zusätzlich beeinflußt durch das Vorhandensein verschiedenartiger Gitterplätze und vor allem durch Variation der Zusammensetzung mit Hilfe der Partialdrücke der Verbindungsbestandteile. Diese Einflüsse sollen zunächst bei konstantem Angebot von Fremdatomen behandelt werden, das anschließend mit ihrem Partialdruck verändert wird.

4.4.1. *Löslichkeitsbeeinflussung durch Partialdruckvariation der Verbindungsbestandteile*

Eine isotherme Variation z. B. des Partialdrucks P_{B} über einer AB-Verbindung, den wir wieder als unabhängige Veränderliche wählen, übt zwei grundlegende Wirkungen auf die Löslichkeit von Fremdatomen F aus.

a) Bereits bei neutralen, *substitutionellen* Fremdstörstellen bewirkt die Einhaltung der *Platzbilanz* nach Abschn. 2.4.2. eine P_B-Abhängigkeit der Löslichkeit. Sie ist für Substituenten im A- und im B-Teilgitter entgegengesetzt. Für erstere ergibt sich aus der Einbaureaktion

$$F(g) + B(g) \leftrightharpoons F_A{}^x + B_B{}^x: \qquad [F_A{}^x] \propto P_B \tag{4.13a}$$

bei konstantem P_F. Analog (oder aus (2.42) und (4.3)) folgt:

$$[F_B{}^x] \propto P_B{}^{-1}. \tag{4.13b}$$

Für die F-Atome wächst also die Chance, auf B-Plätze zu gelangen, mit abnehmendem B-Angebot (wie mit zunehmender B-Vakanzenkonzentration besonders gut zu veranschaulichen ist), während auf A-Plätzen das Umgekehrte gilt.

Für die meisten Substituenten wird die Alternative zwischen den beiden Teilgittern durch die Regel aus Abschn. 2.1. entschieden: „Metallatome auf Metallplätze (F_A) und Nichtmetallatome auf Nichtmetallplätze (F_B).“ Besonders interessant sind jedoch die hiernach unentschiedenen Fälle, wie z. B. Si in GaAs mit amphoterem Einbau als Donator Si_{Ga} und Akzeptor Si_{As} (Abschn. 2.2.2.1.). Für die neutralen Störstellen ergibt sich aus (4.13a) und (4.13b)

$$[Si_{Ga}^x]/[Si_{As}^x] \propto P_{As}^2$$

unabhängig vom Si-Angebot (P_{Si}). Dieses Konzentrationsverhältnis kann sich bei Variierung des As-Partialdrucks zwischen den beiden Grenzen des Stabilitätsgebietes von GaAs (gemäß Abb. 38) um mehrere Größenordnungen ändern.

b) Für *ionisierte* Fremdstörstellen tritt durch die Koppelung der Defektgleichgewichte ein weiterer, etwas komplizierterer Einfluß auf die Löslichkeit ein, der unabhängig von der Art des Einbaus (auf Gitter- oder Zwischengitterplätze) ist und sich am allgemeinsten mit Hilfe des *Fermi*-Niveaus beschreiben läßt. Nach Abschn. 2.6.1. gilt bei Einfachionisation zu $F^{\cdot}$ bzw. F' mit den absoluten Termlagen E_D bzw. E_A:

$$[F^{\cdot}] = [F^{\times}] \exp \frac{E_D - E_F}{kT}; \quad [F'] = [F^{\times}] \exp \frac{E_F - E_A}{kT}. \tag{4.14}$$

Wird die Lage von E_F durch die Fremdstörstellen bestimmt, also durch $F^{\cdot}$ erhöht und durch F' erniedrigt, so ergibt das eine Abschwächung der Wirkung des „Platzbilanz-Effekts" (a) für ionisierte gegenüber neutralen Substitutionsstörstellen bei P_B-Variation. Die Konzentration wird für dominierende, einfach ionisierte Störstellen auf A-Plätzen proportional zu $P_B{}^{1/2}$ und auf B-Plätzen proportional zu $P_B{}^{-1/2}$ (vgl. (4.13)).

Dominieren anstelle der Fremd- die Eigenstörstellen in der Neutralitätsbedingung, so ergibt sich beispielsweise mit Vakanzen normalen Umladungscharakters eine Absenkung von E_F bei steigendem B-Partialdruck (parallel zu $\ln n$ in Abb. 39 oder Abb. 40).[1]) Für Donatoren F_A und Akzeptoren F_B, wie Si_{Ga} und Si_{As} in GaAs, wird dadurch der Effekt (a) in seiner Wirkung auf die Löslichkeit unterstützt. Das Gegenteil gilt für Donatoren F_B und Akzeptoren F_A, also beispielsweise Se_{As} und Zn_{Ga} in GaAs, oder Cl_S in PbS und Li_{Zn} in ZnO (s. u.), wie die Gegenüberstellung der Gleichungen (4.13) und (4.14) zeigt.

Auch in solchen Fällen gibt insgesamt der Effekt (a) den Ausschlag, so daß — zumindest bei Einfachionisation[2]) — unabhängig vom Donator- oder Akzeptor-

---

[1]) Die Auswirkung auf die Fremdkonzentrationen stellt eine „indirekte Störstellenwechselwirkung" im Sinne des Abschn. 2.6.1. dar, wo die umgekehrte Beeinflussung von Eigen- durch Fremdstörstellenkonzentrationen bereits demonstriert wurde; s. a. Abschn. 2.4.2.

[2]) Durch Mehrfachionisation der Dotanten können die Auswirkungen der Änderung des *Fermi*-Niveaus verstärkt werden und überwiegen.

charakter und von der speziellen Fehlordnungs-Situation *für Substituenten auf A-Plätzen eine gleichsinnige und auf B-Plätzen eine gegensinnige Konzentrationsänderung mit dem B-Partialdruck* konstatiert werden kann.

Für intertistielle Störstellen tritt ein „Platzbilanz-Effekt“ (a) nicht auf, so daß die Verschiebung des *Fermi*-Niveaus allein für die Löslichkeitsbeeinflussung durch den B-Partialdruck maßgebend ist. Beispielsweise steigt in ZnO die Konzentration ionisierter Li_i-Donatoren $[Li_i^{\cdot}]$ mit dem Sauerstoffpartialdruck[1]), während $[Li_i^{\times}]$ unverändert bleibt.

Für die Praxis ergibt sich aus diesen Verhältnissen die Schlußfolgerung, daß Löslichkeitsangaben für Dotanten in Verbindungshalbleitern nur bei definierten Partialdruckbedingungen der Verbindungsbestandteile sinnvoll sind. — Diese Bedingungen sind auch für die Auswirkungen auf die Ladungsträgerkonzentrationen wesentlich, die von der nun näher zu betrachtenden Beeinflussung der Eigenfehlordnung durch die Dotierung mitbestimmt werden.

4.4.2. *Fremdpartialdruckeinfluß und Selbstkompensation*

Der Einfluß einer Variation des Fremdpartialdrucks P_F soll für eine AB-Verbindung mit einfach ionisierten Vakanzen und substitutionellen Fremddonatoren F_B, wie etwa PbS mit Cl_S, in die Betrachtung einbezogen werden. Dazu ist das für die reine Verbindung gültige Gleichungssystem aus Abschn. 4.3. zu ergänzen durch ein Massenwirkungsgesetz für das Einbaugleichgewicht der ionisierten Donatoren

$$F(g) \leftrightharpoons F_B^{\cdot} + V_A': \quad \frac{[F_B^{\cdot}][V_A']}{P_F} = K_f. \qquad (4.15)$$

[1]) In diesem amphoteren Fall ändern also Donatoren ($Li_i^{\cdot}$) und Akzeptoren (Li_{Zn}') ihre Konzentrationen gleichsinnig, im Unterschied zum Falle des Si in GaAs.

Die Neutralitäsbedingung lautet jetzt:

$$n + [V_A'] = p + [V_B^{\cdot}] + [F_B^{\cdot}]. \qquad (4.16)$$

Um sich in solchen Fällen einen Überblick über die Partialdruckbedingungen zu verschaffen, unter denen die verschiedenen zweitermigen Approximationen gelten, ist deren Eintragung in ein doppeltlogarithmisches $P_F - P_B$-Diagramm gemäß Abb. 42 zweckmäßig. An

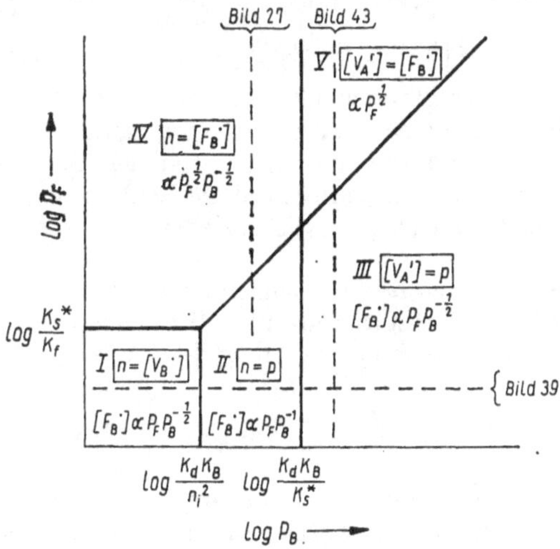

Abb. 42. Gültigkeitsbereiche vereinfachter Neutralitätsbedingungen für eine AB-Verbindung mit ionisierten Fremddonatoren der Konzentration $[F_B^{\cdot}]$ in Abhängigkeit vom B-Partialdruck P_B und vom Fremdpartialdruck P_F.

den linear verlaufenden Grenzen stoßen solche Bereiche aneinander, deren Approximationen jeweils eine Konzentration gemeinsam haben.

Bei niedrigen P_F-Werten, also noch nicht dominierendem $[F_B^{\cdot}]$, ist die Eigenfehlordnung gegenüber der reinen Verbindung praktisch unverändert und entspricht der Abb. 39 mit einem Eigenfehlordnungsquotienten

$K_S{}^{*1/2} n_i < 1$. Für die Dotierungskonzentration folgt aus Gleichung (4.15) z. B. bei p-Eigenstörstellenleitung mit $p = [V_A'] = (K_S K_a P_B / K_B)^{1/2}$ im Bereich III:

$$[F_B^{\cdot}] = \frac{K_B{}^{1/2} K_f P_F}{(K_S K_a P_B)^{1/2}}. \tag{4.17}$$

Allgemein lassen sich so die Näherungsverläufe der Dotierungskonzentrationen — und entsprechend auch alle übrigen Konzentrationen — durch Ausdrücke der Form

$$[F_B^{\cdot}] \propto P_F{}^s P_B{}^t \tag{4.18}$$

mit einfachen Brüchen oder kleinen ganzen Zahlen s und t darstellen, die in Abb. 42 eingetragen sind. Durch Messung dieser Partialdruckabhängigkeiten der Defektkonzentrationen können experimentell die Fehlordnungssituationen erschlossen werden, die in den verschiedenen Bereichen vorliegen.

Durch Gleichsetzung der in benachbarten Bereichen gültigen Ausdrücke resultieren die Bereichsgrenzen, z. B. zwischen den Bereichen III und V aus (4.15) und (4.17):

$$(P_F)_{III/V} = \frac{K_S K_a}{K_f K_B} (P_B)_{III/V}.$$

Die Grenze III/IV ergibt sich als geradlinige Fortsetzung dieses Verlaufs, und die Ausdrücke für die übrigen Bereichsgrenzen sind an den Koordinaten der Abb. 42 angegeben.

Während die Approximationen I bis IV bereits bei früheren Betrachtungen (zu den Abb. 27 und 39) auftraten, liegt im Bereich V mit $[V_A'] = [F_B^{\cdot}]$ eine neuartige Situation vor. Ihr Zustandekommen durch Fremdpartialdruckerhöhung bei konstantem B-Partialdruck ist in Abb. 43 gezeigt. Auch durch noch so hohe Donatordotierung wird hier keine Elektronenkonzentration vergleichbarer Höhe erreicht infolge der sog. *Selbstkompensation* des größeren Teils der Donatoren durch Eigenakzeptoren V_A'. Diese werden durch „indirekte Wechselwirkung" (vgl. Abschn. 2.6.1.) im Bereich V im gleichen Maße nachgebildet, wie die Konzentration $[F_B^{\cdot}]$ steigt.[1])

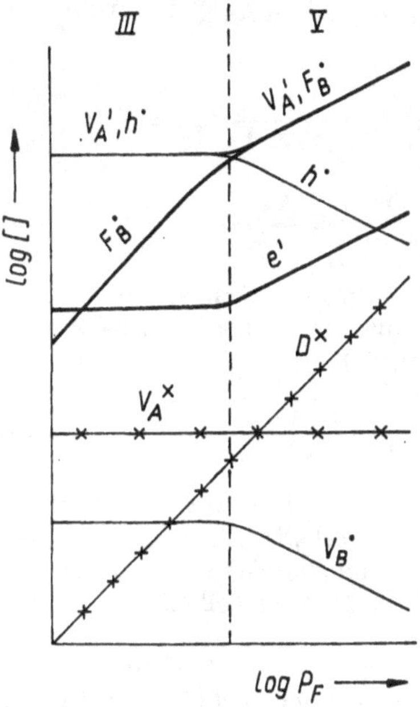

Abb. 43. Defektkonzentrationen beim Übergang von p-Eigenstörstellenleitung (Bereich III) zur Selbstkompensation von Fremddonatoren (Bereich V) als Funktion des Fremdpartialdrucks P_F für P_B = const $> K_d K_{BB} K_S^*$ (vgl. Abb. 42). – Das Zeichen $D^{\times}$ muß durch $F_B^{\times}$ ersetzt werden.

Die Selbstkompensation *nimmt mit dem Eigenfehlordnungsquotienten zu* und überwiegt für $K_S^{*1/2} n_i > 1$ bereits bei niedrigeren Partialdrücken, bei denen in der reinen Verbindung die Approximation $[V_A'] = [V_B^{\cdot}]$ (II' in Abb. 40) an die Stelle von $n = p$ (II) tritt. Am

[1]) Zusätzlich kann durch direkte Wechselwirkung Assoziation eintreten, die sich aber kaum auf die elektronischen Ladungsträgerkonzentrationen auswirkt und im folgenden unberücksichtigt bleibt.

einfachsten ist dieser Einfluß des Eigenfehlordnungsquotienten für konstantes $P_B = P_{B,i}$, entsprechend dem Inversionspunkt der reinen Verbindung mit $n = p = n_i$ und $[V_A'] = [V_B^{\cdot}] = K_S^{*1/2}$, zu behandeln. Hier gilt mit (4.7) und (4.8)

$$\frac{[V_A']\,p}{n[V_B^{\cdot}]} = \frac{K_a V_A^x}{K_d V_B^x} = \frac{K_a K_S}{K_d K_B^2} P_{B,i}^2 = 1,$$

also

$$\frac{[V_A']}{n} = \frac{[V_B^{\cdot}]}{p} = \frac{K_S^{*1/2}}{n_i}$$

unabhängig von der Dotierungskonzentration. Werden hiermit $[V_B^{\cdot}]$ und $[V_A']$ aus der Neutralitätsbedingung (4.15) eliminiert, so resultiert[1])

$$n - p = \frac{[F^{\cdot}]}{1 + K_S^{*1/2} n_i}. \tag{4.19}$$

Bei $K_S^{*1/2}/n_i \ll 1$ ist $n - p \approx [F^{\cdot}]$, es wird praktisch zu jedem Donatorion ein Leitungselektron gebildet, und die Selbstkompensation ist vernachlässigbar. Dagegen ist sie bei sehr großem $K_S^{*1/2}/n_i$ nahezu vollständig, so daß $n - p \approx 0$ bleibt.

Verallgemeinernd kann — unter Einbeziehung interstitieller und substitutioneller, auch mehrfach ionisierter Eigenstörstellen — festgestellt werden, daß sich das Ausmaß der Selbstkompensation von Fremddotanten parallel der Tendenz zum Dominieren der atomaren über die elektronische Eigenfehlordnung in den reinen Verbindungen ändert (vgl. Abschn. 4.3.). Das gilt auch für Fremdakzeptoren, die bei $P_B = P_{B,i}$ im Rahmen unseres Eigenfehlordnungsmodells durch $V_B^{\cdot}$-Bildung in gleichem Maße wie die Fremddonatoren durch V_A' Bildung kompensiert werden.

---

[1]) Dies gilt nicht nur für Donatoren $F_B^{\cdot}$, sondern auch für $F_A^{\cdot}$ oder $F_i^{\cdot}$, da die „indirekte Wechselwirkung" bei gegebener Donatorkonzentration unabhängig von der Platzart im Gitter ist.

Demgegenüber wird die Selbstkompensation bei $P_B \neq P_{B,i}$ wegen der von vornherein verschiedenen $V_B^{\cdot}$- und V_A'-Konzentrationen für Fremdakzeptoren und -donatoren unterschiedlich.[1]) Solche Unterschiede können u. a. durch Mehrfachionisation der kompensierenden Eigenstörstellen erheblich verstärkt werden und so weit gehen, daß *nur einer der beiden Leitungstypen realisierbar* ist. Beispielsweise kann bei ZnTe, das bereits in reiner Form nur p-leitend auftritt (s. Abschn. 4.3. zu Abb. 41), auch durch Dotierung keine n-Leitung erzielt werden, so daß keine pn-Übergänge in diesem Material herstellbar sind. Bei anderen $A^{II}B^{IV}$-Verbindungen, wie ZnO, ZnS, CdS, und CdSe, ist demgegenüber gute n-Leitung, aber keine oder nur sehr geringe p-Leitung realisierbar, während bei CdTe beide Leitungstypen gut erhältlich sind.[2]) Letzteres gilt auch für die Mehrzahl der $A^{III}B^{V}$-Halbleiter und ist die Voraussetzung für die wichtigsten Anwendungen in elektronischen Bauelementen.

Das andere Extrem stellen Verbindungen mit sehr großen Bandabständen dar, wie z. B. die Alkalimetallhalogenide, mit dementsprechend großen Eigenfehlordnungsquotienten (vgl. (4.12)). In solchen Fällen überwiegt die Selbstkompensation sowohl für Donatoren als auch für Akzeptoren im gesamten Stabilitätsgebiet, so daß der Isolatorcharakter bei beliebiger Dotierung bzw. Verunreinigung erhalten bleibt.

---

[1]) Wie aus der P_B-Abhängigkeit der Vakanzenkonzentrationen unmittelbar folgt, ist die Selbstkompensation bei gegebener Dotierungskonzentration für Fremddonatoren an der A-reichen und für Fremdakzeptoren an der B-reichen Stabilitätsgrenze am geringsten.

[2]) Das Verhältnis der Kovalenzradien r_A/r_B, die als Anteile der A- und B-Atome am A-B-Kernabstand aus der dielektrischen Bindungstheorie zu entnehmen sind, ist für CdTe ≈ 1, für ZnTe < 1 und für die übrigen, oben genannten $A^{II}B^{VI}$-Verbindungen > 1. Es gibt Versuche, diese Parallele zum Selbstkompensationsverhalten auf die Abhängigkeit der Tendenz zur Bildung oder zur Ionisation der Vakanzen vom Kovalenzradius des fehlenden Atoms zurückzuführen, wobei die quantitativen Unterlagen jedoch noch nicht für endgültige Aussagen ausreichen.

4.5. *Diffusion in Verbindungshalbleitern*

Aus dem vorstehend beschriebenen Fehlordnungsverhalten der Verbindungshalbleiter resultiert im Vergleich zu den Elementhalbleitern (Abschn. 3.) ein komplexeres Diffusionsverhalten. Die wichtigsten neuartigen Aspekte, die hierfür maßgebend sind, werden im folgenden behandelt.

Neues ergibt sich bereits aus der veränderten gittergeometrischen Situation mit unterschiedlichen Gitterplätzen, die beispielsweise in AB-Verbindungen alternierend aufeinanderfolgen. Der Elementarschritt der Diffusion z. B. eines A-Atoms A_A oder eines substitutionellen Fremdatoms F_A muß hier auf den *übernächsten* Gitterplatz führen und nicht nur auf den nächstbenachbarten Gitterplatz wie in einem Element A. Ein einfacher Leerstellenmechanismus ist dadurch erschwert. Am ehesten wird er bei der Diffusion amphoterer Dotanten, die leicht ins andere Teilgitter überwechseln können, (Si in GaAs), oder bei der Selbstdiffusion in Verbindungen, die substitutionelle Eigenstörstellen (A_B) bilden können, auftreten. Letzteres wurde am Ende des Abschn. 4.3. für GaP diskutiert, für das als Zwischenstadium beim Platzwechsel von Ga_{Ga} die Bildung von Ga_P in Betracht kommt. Entsprechendes gilt auch für andere Verbindungen mit geringer Ionizität und nicht zu großem Bandabstand.

Eine Alternative zum Einzelleerstellen- stellt der Doppelleerstellenmechanismus mit Assoziaten (V_AV_B) dar, deren Bildung durch entgegengesetzte Ladungen der Leerstellen (z. B. V_A' und $V_B^{\cdot}$) begünstigt wird. Durch die zweite Leerstelle wird zusätzlicher Raum für den Platzwechsel geschaffen und die Aktivierungsenthalpie erniedrigt. Beispielsweise wird für die Selbstdiffusion von In und Sb in InSb ein solcher Mechanismus mit

Doppelleerstellen angenommen, die nach

$$0 \leftrightharpoons (V_{In}V_{Sb})^{\times} \tag{4.20}$$

gebildet werden können.

Weitere Möglichkeiten sind durch die Mitwirkung interstitieller Störstellen gegeben, die für die Diffusion in Verbindungshalbleitern eine größere Bedeutung als in Elementhalbleitern besitzt. Neben dem direkten Zwischengitter- und dem dissoziativen Mechanismus aus

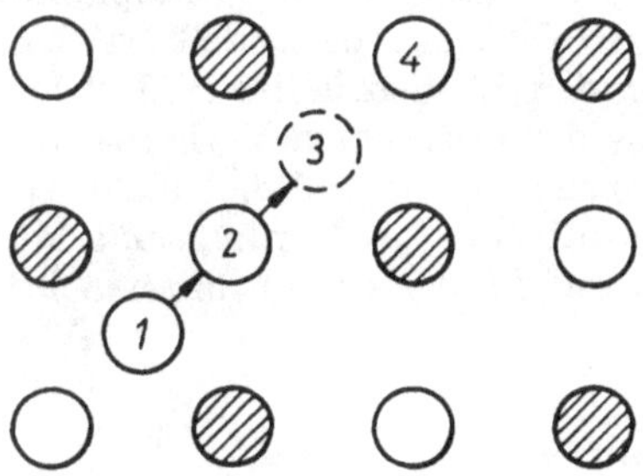

Abb. 44. Kollineare Sprünge beim indirekten Zwischengitter-Diffusionsmechanismus.

Abschn. 3. ist hierbei auch der sog. *indirekte Zwischengittermechanismus* wesentlich. Er wurde zuerst für die Selbstdiffusion des Ag in AgBr und AgCl, die nach Abschn. 4.3. *Frenkel*-Fehlordnung aufweisen, gefunden und ist in Abb. 44 veranschaulicht. Ein interstitielles Teilchen 1 verdrängt ein Teilchen von seinem Gitterplatz 2, so daß dieses in die neue Zwischengitterposition 3 gelangt. Es kann dann seinerseits ein Teilchen von dessen Gitterplatz 4 verdrängen und hat sich nach diesem Doppelsprung um einen Gitterplatz vorwärtsbewegt.

Wie bei der Selbstdiffusion mit direkter Bewegung durch das Zwischengitter ist dabei der Diffusionskoeffizient direkt proportional zur Konzentration der interstitiellen Eigenstörstellen. Zumindest im Falle der Silberhalogenide ist jedoch die Aktivierungsenthalpie für den indirekten Zwischengittermechanismus weit geringer und beträgt bei AgBr nur 0,08 eV. Daraus resultiert die hohe Beweglichkeit der Silberionen bei Raumtemperatur, die beim photographischen Prozeß die Entstehung des latenten Bildes ermöglicht. — Nach dem indirekten Zwischengittermechanismus können auch Fremdatome, die für eine direkte Bewegung durch das Zwischengitter zu groß sind, ohne Beteiligung von Leerstellen diffundieren.

Im Anschluß an diese strukturellen Gesichtspunkte sollen weitere Aspekte der Diffusion behandelt werden, die die Verbindungs- von den Elementhalbleitern unterscheiden und die sich aus der isothermen Variierbarkeit der Kristallzusammensetzung ergeben. Dabei steht zunächst wieder die Selbstdiffusion im Vordergrund, die häufig auch Rückschlüsse auf die weniger gut untersuchte Fremddiffusion erlaubt.

Einfluß der Kristallzusammensetzung

Zusätzlich zum Dotierungseinfluß auf die Konzentration ionisierter Eigenstörstellen und damit auf die Diffusion, der bereits für Elementhalbleiter im Abschn. 3.5. behandelt und auch für Verbindungshalbleiter in vielen Fällen nachgewiesen wurde, kann eine Partialdruckvariation der Verbindungsbestandteile die Diffusionskoeffizienten über die Eigenfehlordnung erheblich beeinflussen. Besonders für die $A^{II}B^{IV}$- und die $A^{IV}B^{VI}$-Verbindungen liegen hierzu zahlreiche Ergebnisse vor. Beispielsweise gilt in Cd-reichem CdS für den Schwefel-Selbstdiffusionskoeffizienten: $D_S \propto P_{Cd}^{1/3}$. Daraus kann — in Übereinstimmung mit der Cd-Partialdruckabhängigkeit der Elektronenkonzentration — ein Leerstellenmechanismus mit $V_S^{\cdot\cdot}$ bei einer vereinfachten Neutralitätsbedingung

$$n = 2[V_S^{\cdot\cdot}] \propto P_{Cd}^{1/3}$$

gefolgert werden.

Demgegenüber ist z. B. der Zn-Selbstdiffusionskoeffizient D_{Zn} in ZnSe partialdruckunabhängig, woraus zusammen mit Ladungsträgerkonzentrationsmessungen auf *Frenkel*-Fehlordnung mit

$$[V_{Zn}''] = [Zn_i^{\cdot\cdot}] = \text{const}$$

geschlossen wurde (Abschn. 4.3.). Da D_{Zn} sowohl bei Donator- als auch bei Akzeptordotierung infolge „indirekter Wechselwirkung" wächst, sind einzeln wandernde Defekte V_{Zn}'' und $Zn_i^{\cdot\cdot}$ mit vergleichbaren Beiträgen zur Selbstdiffusion anzunehmen. Wenn dagegen neutrale Assoziate für die Selbstdiffusion verantwortlich sind, wie etwa in InSb mit

$$[(V_{In}V_{Sb})^x] = \text{const}$$

nach Gleichung (4.20), dann ist die Selbstdiffusion nicht nur partialdruck-, sondern auch dotierungsunabhängig. Dabei kann die Konzentration der Assoziate kleiner als diejenige der Einzelleerstellen sein, da die Beiträge zum Selbstdiffusionskoeffizienten entsprechend (3.9) dem Produkt aus Konzentration *und Beweglichkeit* der beteiligten Eigenstörstellen oder Eigenstörstellenassoziate sind und die Assoziate nach den obigen Überlegungen beweglicher sein können. Entsprechendes gilt für Zwischengitteratome. So sind die B-Selbstdiffusionskoeffizienten in einer Reihe von AB-Verbindungen (PbS, CdS, CdSe, ZnSe, CdTe) bei B-Überschuß direkt proportional zum B-Partialdruck, wofür B_i^x-Störstellen mit

$$[B_i^x] \propto P_B$$

verantwortlich zu machen sind, ohne daß diese hinsichtlich ihrer Konzentration dominieren müssen.

Gegenüber der Diffusion bei Isokonzentrationsbedingungen, die zur Bestimmung der Selbstdiffusionskoeffizienten mit Isotopen dient, treten bei Konzentrationsgradienten der Verbindungsbestandteile (und damit der Eigenstörstellen) durch die Konzentrationsabhängigkeit der Diffusionskoeffizienten kompliziertere Verhältnisse auf[1]). Solche Konzentrationsgradienten entstehen z. B. bei Partialdruckänderungen während der Hochtemperaturpräparation in Kristallen. Als weiteres Beispiel wird im nächsten Abschnitt die thermische Si-Oxydation unter der Wirkung von Konzentrationsgradienten im entstehenden SiO_2 beschrieben.

Zuvor soll noch die Fremddiffusion in Verbindungshalbleitern an einem besonders gut untersuchten Beispiel näher betrachtet werden. Auch hierbei wird sich der Partialdruckeinfluß der Verbindungsbestandteile als wesentlich erweisen, der im übrigen nach Abschn. 4.4. bereits für die Löslichkeit und damit für die Oberflächenkonzentration bei der Diffusionsdotierung mitbestimmend ist.

Dissoziative Diffusion von Zn in GaAs

Zink ist in GaAs als Substituent Zn'_{Ga} ein wichtiger p-Leitfähigkeitsdotant und baut sich in geringem Maße auch interstitiell ein, so daß dissoziative Diffusion möglich wird. Gegenüber dem in Abschn. 3.6. behandelten Beispiel des Cu in Germanium muß hier wegen der höheren Dotierungskonzentrationen und der damit verbundenen indirekten Wechselwirkung die Störstellenionisierung explizit berücksichtigt werden. Dementsprechend lautet die „Dissoziationsreaktion“ des substitutionellen in interstitielles Zink und eine Ga-Vakanz:

$$Zn'_{Ga} + 2h^{\cdot} + V_i^{x} \leftrightharpoons Zn_i^{\cdot} + V_{Ga}^{x}. \qquad (4.21)$$

Nach dem interstitiellen Transport des Zinks[2]), der dominiert und hier allein berücksichtigt werden soll, vollzieht sich die Rückreaktion unter Verbrauch von

---

[1]) Der im Abschn. 3.4. erwähnte thermodynamische Faktor kann unter solchen Bedingungen eine Änderung der Diffusionskoeffizienten um mehrere Größenordnungen bewirken.

[2]) Eine Zweifachionisation zu $Zn_i^{\cdot\cdot}$ kann wegen zu hoher Ionisierungsenergie vernachlässigt werden.

Ga-Vakanzen. Diese können (entsprechend dem Grenzfall I in Abschn. 3.6.) eine ortsunabhängige Konzentration annehmen auf Grund des Gleichgewichts

$$V_{Ga}^{x} + As_{As}^{x} \leftrightharpoons As(g). \tag{4.22}$$

Hiermit können aus (4.21) die Vakanzen eliminiert werden, so daß sich – unabhängig von deren Ionisationsgrad – im lokalen Gleichgewicht ergibt:

$$Zn'_{Ga} + 2h^{\cdot} + V_i^{x} + As_{As}^{x} \leftrightharpoons Zn_i^{\cdot} + As(g);$$

$$\frac{[Zn_i^{\cdot}]\, P_{As}}{[Zn'_{Ga}]\, p^2} = K_{Zn}. \tag{4.23}$$

Bei gegebenem As-Partialdruck wächst also das für die Diffusion maßgebende Verhältnis von interstitiellem zu substitutionellem Zink mit der Defektelektronenkonzentration, die ihrerseits bei nicht zu geringer Dotierung durch die Zinkkonzentration bestimmt wird nach

$$p \approx [Zn'_{Ga}] \approx [Zn]_{tot}.$$

Hiermit folgt aus (4.23) für den Diffusionskoeffizienten D_{tot}, der für die totale Teilchenstromdichte

$$j_{Zn} = -D_{tot}\, d[Zn]_{tot}/dx \approx -D_{Zn_i}\, d[Zn_i^{\cdot}]/dx$$

maßgebend ist[1]):

$$D_{tot} \approx 3\,\frac{[Zn_i^{\cdot}]}{[Zn'_{Ga}]}\, D_{Zn_i} = 3K_{Zn}\,\frac{[Zn'_{Ga}]^2}{P_{As}}\, D_{Zn_i}. \tag{4.24}$$

Diese Abhängigkeit vom Quadrat der Zink-Totalkonzentration $[Zn]_{tot}^2 \approx [Zn'_{Ga}]^2$ sowie von P_{As}^{-1} wurde durch Isokonzentrationsmessungen mit radioaktivem Zink bestätigt. *Die Konzentrationsabhängigkeit beruht auf einer Erhöhung des Anteils der beweglichen, inter-*

---

1) Vgl. (3.11) und (3.12) in Abschn. 3.6. Der zusätzliche Faktor 3 resultiert aus der Berücksichtigung der Störstellenladung, die auch die Abhängigkeit von $[Zn'_{Ga}]^2$ bewirkt.

stitiellen Zinkionen durch steigende Konzentrationen des unbeweglichen, substitutionellen Zinks mit seiner entgegengesetzten Ladung, die zu dieser „indirekten Wechselwirkung" führt. Auch der As-Partialdruckeinfluß in (4.22) beruht auf einer Veränderung der interstitiellen Zinkkonzentration (und nicht etwa auf einer Veränderung der Eigenstörstellenkonzentrationen im Gleichgewicht, die hier ohne Einfluß auf die Diffusion bleibt).

Bei der Diffusionsdotierung im Konzentrationsgradienten treten gegenüber dem Isokonzentrationsfall zusätzliche Komplikationen auf, insbesondere

— durch innere Felder, die sich nach Abschn. 3.3. im Konzentrationsgradienten geladener Teilchen bilden, sowie
— durch ortsabhängige Abweichungen der Vakanzenkonzentrationen vom Gleichgewicht (4.22). Seine Aufrechterhaltung erfordert die Vakanzen-Nachlieferung von der Kristalloberfläche her und kann wegen der Platzbilanzforderung nicht allein mit Hilfe von Versetzungen erfolgen wie in Elementhalbleitern (Abschn. 3.6., Grenzfall I).

Entscheidend bleibt jedoch die starke Zunahme des Diffusionskoeffizienten D_{tot} mit der Konzentration $[\text{Zn}'_{\text{Ga}}]$ nach (4.24). Sie führt bei der Dotierung zur „autokatalytischen" Beschleunigung der Zinkdiffusion mit der Ausbildung einer *steilen Diffusionsfront.* Solche anormalen, von Abb. 31 abweichenden Diffusionsprofile werden für andere Leitfähigkeitsdotanten in Verbindungshalbleitern ebenfalls angetroffen und weisen auf einen dissoziativen Mechanismus hin. Er kann z. B. auch für Zn in GaP und in InSb, für Cd in GaP und für Li in ZnO als gesichert gelten, wobei jedoch noch nicht so eingehende Kenntnisse vorliegen wie für Zn in GaAs.

Die Diskussion dieses Beispiels hat gezeigt, wie die verschiedenartigsten Gesichtspunkte und Konzepte der Fehlordnungschemie für die Aufklärung der Diffusion in Verbindungen heranzuziehen sind. — Die Störstellendiffusion ist ihrerseits die Voraussetzung und häufig auch der geschwindigkeitsbestimmende Schritt für Reaktionen zwischen Stoffen im festen Zustand sowie für die im nachfolgenden, letzten Kapitel zu behandelnden Prozesse. Sie ist damit fundamental für das Gesamtgebiet der Feststoffchemie.

5. Deckschichtbildung durch Reaktion Kristall—Gas (Thermische Si-Oxydation)

5.1. Grundlegende Befunde

Die Reaktion von Metallen mit Sauerstoff oder anderen Nichtmetallen (Chalkogenen, Halogenen) bei hohen Temperaturen unter Bildung von Deckschichten, die häufig halbleitend sind (Übergangsmetalloxide, $A^{II}B^{VI}$-Verbindungen), ist der übersichtlichste und am besten untersuchte Fall heterogener Feststoffreaktionen. Noch wichtiger für die Halbleiterchemie ist die zum gleichen Reaktionstyp gehörige und im folgenden als Beispiel behandelte thermische Oxydation des Siliziums zu Siliziumdioxid nach

$$\mathrm{Si(s)} + \mathrm{O_2(g)} \rightarrow \mathrm{SiO_2(s)}\,. \qquad (5.1)$$

Die Entdeckungen der maskierenden Wirkung von so auf Si erzeugten SiO_2-Schichten für bestimmte Dotanten[1]) sowie der günstigen elektronischen Eigenschaften von Si/SiO_2-Grenzflächen standen am Anfang der Entwicklung der Silizium-Planartechnik, die die heutige Mikroelektronik beherrscht. In MOS- (Metal-Oxide-Semiconductor-) Transistoren dient das Siliziumdioxid als Dielektrikum. Weiterhin wird es in großem Umfang

[1]) Besonders für P, As und B dient SiO_2 als diffusionshemmende Schicht zur Maskierung derjenigen Si-Oberflächenteile, von denen der Dotant bei der Gasphasen-Diffusionsdotierung ferngehalten werden soll.

als passivierende Deckschicht zur Si-Oberflächenstabilisierung und Isolierung eingesetzt.

Das SiO_2 entsteht bei der thermischen Oxydation in glasartiger, also nicht ferngeordneter Form, in der die Si—O—Si-Valenzwinkel beträchtlichen Schwankungen unterliegen. Dabei existiert eine ausgeprägte Nahordnung in *der* Art, daß die Si-Atome — wie im Quarzkristall — normalerweise tetraedrisch von 4 Sauerstoffatomen umgeben sind, die ihrerseits je 2 Si-Atome binden. Abweichungen hiervon werden als Fehlordnung mit Vakanzen oder interstitiellen Störstellen beschrieben, so daß unsere — ursprünglich für Kristalle geschaffenen — fehlordnungschemischen Formulierungen angewandt werden können. Das bei Raumtemperatur isolierende SiO_2 zeigt bei hohen Temperaturen beträchtliche elektronische und Ionen-Leitung, was sich für den Bildungsmechanismus als wichtig erweisen wird.

Zeitlicher Verlauf des SiO_2-Schichtwachstums

In der Oxydationsanordnung der Abb. 45 sind die Prozesse an den Phasengrenzen I und II (O_2-Adsorption, Reaktion) sowie die Reaktantendiffusion durch das SiO_2 in Serie geschaltet. Dabei diffundiert praktisch kein Si, sondern nur der Sauerstoff, wie u. a. mit Hilfe von Isotopen festgestellt wurde. Die eigentliche SiO_2-Bildungsreaktion findet also an der Phasengrenze I statt.

Die SiO_2-Schichtdicke L wächst bei mäßigen Werten (bis zur Größenordnung 10^3 Å) linear mit der Zeit t, was mit einer Geschwindigkeitsbegrenzung des Gesamtprozesses durch die SiO_2-Bildungsreaktion erklärt werden kann.

Mit weiter zunehmendem L verlangsamt sich das Wachstum, und es resultiert schließlich bei hinreichend großen Schichtdicken, d. h. bei Vernachlässigbarkeit der Anfangsstadien der Oxydation, ein parabolisches

Zeitgesetz

$$L^2 = ct. \tag{5.2}$$

Die „Wachstumskonstante“ c nimmt mit der Temperatur und mit dem Sauerstoffdruck im Oxydationsreaktor zu. — Ein derartiges Wachstumsgesetz wurde bereits bei der thermischen Oxydation zahlreicher Metalle beobachtet und vor allem von *Wagner* theoretisch

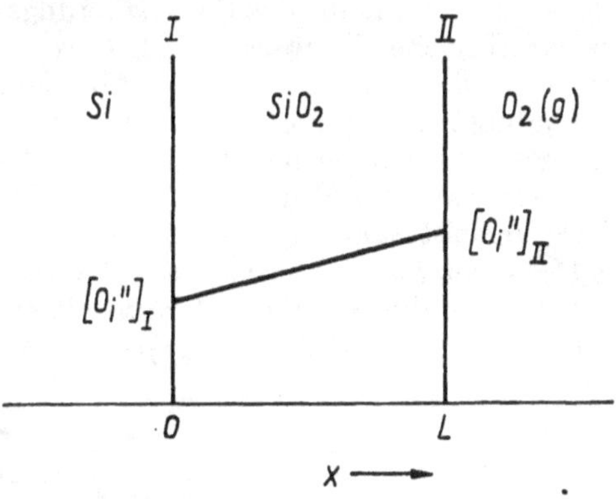

Abb. 45. Schema der themischen Si-Oxydation

behandelt, wobei die Diffusion im Oxid als geschwindigkeitsbegrenzend erkannt wurde. Eine solche Situation wird im folgenden auch der Behandlung der Si-Oxydation zugrunde gelegt.

Zur Vereinfachung wird zunächst angenommen, daß sich die für das Schichtwachstum verantwortliche Teilchenstromdichte durch das 1. *Fick*sche Gesetz (3.1) darstellen läßt. Wie aus Abschn. 3.3. hervorging, ist das bei Quasineutralität und lokalem Störstellengleichgewicht im Festkörper auch für den Fall einer *bipolaren* Diffusion geladener Teilchen möglich. Tatsächlich diffundiert der Sauerstoff, wie im nächsten Abschnitt gezeigt und hier im Interesse einer konkreten Formulierung vorweggenommen wird, überwiegend in geladener Form, und zwar wahrscheinlich interstitiell als O_i'' gemeinsam mit Defektelektronen. Mit dem bipolaren Diffusionskoeffizienten D_O^{bi} wird dann die O-Ionenstromdichte im gesamtstromlosen Fall (Index o)

$$j(O_i'')_o = -D_O^{bi} \frac{d[O_i'']}{dx}. \tag{5.3}$$

Lokales Gleichgewicht besteht für das SiO_2 näherungsweise auch an seiner Si-reichen Phasengrenze I (entsprechend der A-reichen Stabilitätsgrenze in Abb. 36b für eine AB-Verbindung) sowie an seiner Sauerstoffreichen Phasengrenze II (entsprechend dem experimentell vorgegebenen Sauerstoffdruck). Das Schichtwachstum darf als quasistationärer Prozeß mit ortsunabhängigem $j(O_i'')_o$ aufgefaßt werden, so daß die Integration von (5.3) über die Schicht mit den lokalen Gleichgewichtskonzentrationen $[O_i'']_I$ und $[O_i'']_{II}$ an den Phasengrenzen (Abb. 45) ergibt:

$$j(O_i'')_o = D_o^{bi} \frac{[O_i'']_I - [O_i'']_{II}}{L}. \tag{5.4}$$

Dabei ist D_o^{bi} als Mittelwert über die Schicht aufzufassen.

Andererseits muß die Schichtwachstumsrate dL/dt proportional zu dieser Teilchenstromdichte sein. Es gilt

$$j(O_i'')_o = -2 \frac{\varrho N_{Av}}{M} \frac{dL}{dt} \tag{5.5}$$

mit der *Avogadro*-Zahl N_{Av} sowie der Massendichte ϱ und der Molmasse M des Oxids, entsprechend dem Einbau von 2 Sauerstoffatomen in die Formeleinheit SiO_2 und $\varrho N_{Av}/M$ Formeleinheiten/Volumen. Die Schichtwachstumsrate ist also umgekehrt proportional zur Schichtdicke L, was aus der Abflachung des Konzentrationsgradienten mit steigendem L bei festgehaltenen Randkonzentrationen resultiert. — Aus den rechten Seiten von (5.4) und (5.5) ergibt sich durch Integration das experimentell beobachtete, parabolische Wachstumsgesetz (5.2)

$$L^2 = ct \quad \text{mit} \quad c = D_0^{\text{bi}} M \frac{[\text{O}_i'']_{\text{II}} - [\text{O}_i'']_{\text{I}}}{\varrho N_{\text{Av}}}.$$

Eine vertiefte Behandlung der Schichtbildung soll nun auf elektrochemischer Basis erfolgen. Dabei können auch — über unser spezielles Beispiel hinaus — einige allgemeine Aspekte der Elektrochemie fester Stoffe aufgezeigt werden.

5.2. *Elektrochemie der thermischen Si-Oxydation*

Thermodynamische Betrachtungen

Die SiO_2-Wachstumsrate ist um so größer, je weiter die Oxydationsreaktion vom Gleichgewicht entfernt ist, d. h. je negativer ihre freie Reaktionsenthalpie ΔG wird. Man kann diese Reaktion in einer galvanischen Zelle mit Platinelektroden gemäß Abb. 46 ablaufen lassen nach

$$\text{Si(s)} + \text{O}_2\text{(g)} + 4\text{e}^-(\text{Pt I}) \leftrightharpoons \text{SiO}_2\text{(s)} + 4\text{e}^-(\text{Pt II}). \quad (5.6)$$

Dabei ist ΔG als reversible Reaktionsarbeit durch

$$\Delta G = -4eU \quad (5.7)$$

verknüpft mit der reversiblen Zellspannung U (Betrag der EMK), die bei reiner Ionenleitung des SiO_2 mit zweifach geladenen O-Ionen auftreten würde. Dann müßten pro Formelumsatz 4 Elektronen[1]) durch den äußeren Stromkreis (von Pt I zu Pt II) fließen, ohne

[1]) Diese Metallelektronen (e^-) treten als einzige geladene Reaktionspartner in der summarischen Reaktionsgleichung (5.6) auf. Daher gilt nach (2.66) $\Delta G = 4e(\varphi_{\text{PtI}} - \varphi_{\text{PtII}})$ im elektrochemischen Gleichgewicht, in dem die reversible Zellspannung $U = \varphi_{\text{PtI}} - \varphi_{\text{PtII}}$ durch eine von außen angelegte Spannung zu kompensieren wäre.

den hier keine Oxydation möglich wäre. Diese erfolgt in Wirklichkeit unter der entscheidenden Mitwirkung des inneren Defektelektronenstroms (s. u.).

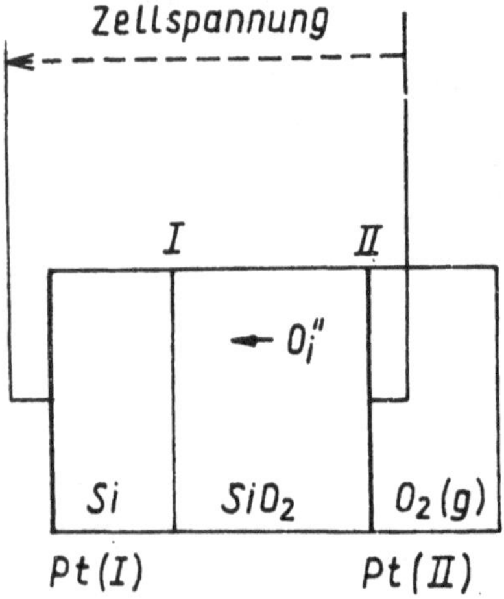

Abb. 46. Meßanordnung für die Zellspannung bei der thermischen Si-Oxydation mit Platinelektroden (sauerstoffdurchlässig bei II)

Unabhängig von elektrochemischen Aspekten liefert die Thermodynamik (Gl. (2.26), (2.29), (2.30) und (2.66))

$$\Delta G = -kT \ln K_P - kT \ln P_{II} = kT \ln \frac{P_I}{P_{II}} \quad (5.8)$$

bei einem O_2-Druck P_{II} an der Phasengrenze II im lokalen Zweiphasengleichgewicht zwischen SiO_2 und gasförmigem Sauerstoff. Die Gleichgewichtskonstante K_P der Oxydationsreaktion (5.1) wurde auf der rechten Seite durch $1/P_I$ ersetzt. P_I ist der (extrem kleine) O_2-Druck des Dreiphasengleichgewichts mit Si und SiO_2, das sich lokal an der Phasengrenze I einstellen würde, wenn dort eine Gasphase anwesend wäre (vgl. Abschn. 4.1. zu Abb. 36b).

Durch Berechnung von K_P auf der Grundlage des 3. Hauptsatzes der Thermodynamik sind theoretische Werte für die Zellspannung U der hypothetischen, rein ionenleitenden Zelle zugänglich, beispielsweise ergibt sich $U = 1{,}76$ V bei 850 °C und $P_{II} = 1$ at. Die tatsächlich im gesamtstromlosen Zustand nach Abb. 46 gemessene, „äußere" Zellspannung U_{a0} bleibt hinter U zurück um einen Betrag, der durch den inneren Defektelektronenstrom im SiO_2 bedingt ist und nun berechnet wird.

Parabolisches Schichtwachstum und Ersatzschaltung

Für die Teilchenstromdichten von Sauerstoffionen und Defektelektronen gilt bei der bipolaren Diffusion in der Oxydationsanordnung (Abb. 45 und Abb. 46):

$$2j(O_i'')_0 = j(h^{\cdot})_0. \tag{5.9}$$

Die beiden Teilchenarten beteiligen sich entsprechend den Beweglichkeiten u_i bzw. u_h und den Überführungszahlen

$$t_i = \frac{2eu_i[O_i'']}{\varkappa} \quad \text{bzw.} \quad t_h = 1 - t_i = \frac{eu_h p}{\varkappa} \tag{5.9a}$$

an der spezifischen Leitfähigkeit $\varkappa$ des SiO_2, wobei diese Größen über die Schicht zu mitteln sind. Die zugehörigen Teilbeiträge zum Schichtwiderstand können in einer elektrischen Ersatzanordnung nach Abb. 47 getrennt erfaßt werden durch die parallelgeschalteten, flächenbezogenen Widerstände

$$R_i' = \frac{L}{\varkappa t_i} \quad \text{bzw.} \quad R_h' = \frac{L}{\varkappa t_h}.$$

Die reversible Zellspannung U_{a0} erscheint dann als Klemmenspannung der Ersatzspannungsquelle für U im gesamtstromlosen Zustand:

$$U_{a0} = \frac{R_h'}{R_i' + R_h'} U = t_i U. \tag{5.10}$$

Durch Messung von U_{a0} nach Abb. 46 sind somit die mittleren Überführungszahlen t_i und t_h erhältlich. Sie hängen von der Temperatur, vom Sauerstoffdruck P_{II} sowie von Fremdbeimengungen ab (s. u.) und sind beide

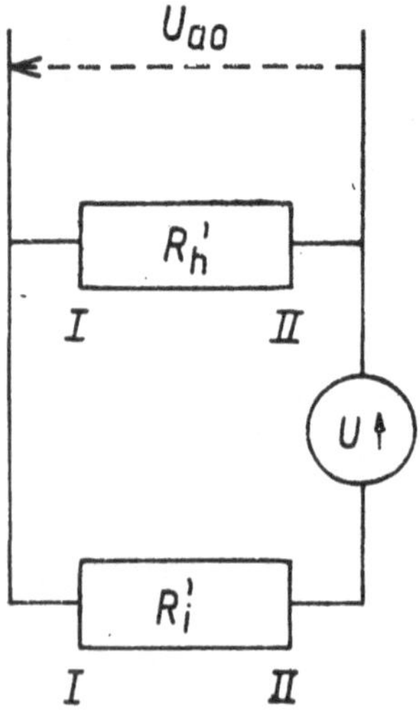

Abb. 47. Ersatzschaltbild für die Anordnung der Abb. 46 mit den flächenbezogenen Widerständen R_i' und R_h' für Sauerstoff-Ionen und Defektelektronen.

von ähnlicher Größe. Das Hochtemperatur-SiO_2 stellt also einen typischen Mischleiter dar[1]). Dabei sorgt der Defektelektronenstrom für den Transport der Elektronen, die bei der Reaktion der O-Ionen mit dem Si an der Phasengrenze I frei werden, durch die Schicht zur Phasengrenze II, wo sie zur Ionisation weiteren Sauerstoffs notwendig sind.

Während beim Defektelektronenstrom der Diffusionsanteil gegenüber dem entgegengerichteten Feldanteil

---

[1]) Demgegenüber wird für Feststoffelektrolyte in Brennstoffzellen reine Ionenleitung ($t_i = 1$), also maximale Zellspannung angestrebt und z. B. mit dotiertem, sauerstoffionenleitendem ZrO_2 annähernd erreicht.

überwiegt, dominiert beim Sauerstoffionenstrom der – somit für das Schichtwachstum entscheidende – Feldanteil. Das hängt damit zusammen, daß die Sauerstoffionen überwiegend durch ortsfeste, positiv geladene Störstellen kompensiert werden und daher in (3.5) gegenüber den Defektelektronen höhere Konzentrationen, aber kleinere Konzentrationsgradienten haben.

Mit der elektrischen Stromdichte J im inneren Ersatzstromkreis (Abb. 47) wird die O-Ionenstromdichte

$$j(O_i'')_0 = -\frac{J}{2e} = -\frac{U}{2e(R_i' + R_h')} = -\frac{\varkappa t_i t_h}{2eL} U. \quad (5.11)$$

Sie ist also, wie in (5.4), umgekehrt proportional zur Schichtdicke L, so daß sich mit (5.5) wieder das parabolische Wachstumsgesetz $L^2 = ct$ ergibt. Die Wachstumskonstante c erhält jetzt mit (5.7) und (5.8) die Form[1])

$$c = \frac{M}{2e\varrho N_A} \varkappa t_i t_h U = \frac{kTM}{8e^2 \varrho N_{Av}} \varkappa t_i t_h \ln \frac{P_{II}}{P_I}. \quad (5.12)$$

Dies läßt die reaktionsthermodynamisch (U bzw. $\ln P_{II}/P_I$) und die transportkinetisch bedingten Einflüsse ($\varkappa t_i t_h$) gut erkennen.

Einfluß äußerer Felder auf das Schichtwachstum

Besonders instruktiv ist die Beeinflussung der Wachstumsrate durch eine äußere Spannung U_a, die an die Platinelektroden in Abb. 46 angelegt wird (und im Ersatzschaltbild in Abb. 47 anstelle von U_{a0} auftritt). Die Gesamtstromdichte, die auch im äußeren Stromkreis fließt, beträgt dann nach dem *Ohm*schen Gesetz

$$J_a = \frac{\varkappa}{L} (U_{a0} - U_a). \quad (5.13)$$

---

[1]) Dasselbe Ergebnis kann auf längerem Wege durch Aufteilung der Teilchenstromdichten aus (5.9) in Diffusions- und Feldanteil nach (3.5) sowie Eliminierung des Diffusionspotentialgradienten und Berücksichtigung des lokalen Gleichgewichts $1/2\ O_2(g) + V_i^x \leftrightharpoons O_i'' + 2h^\bullet$ erhalten werden.

An die Stelle der Gesamtstromlosigkeitsbedingung (5.9) tritt $J_a/e = j(h^{\cdot}) - 2j(O_i'')$. Dabei gilt

$$J_a = e\,\frac{j(h^{\cdot}) - j(h^{\cdot})_0}{t_h} = 2e\,\frac{j(O_i'')_0 - j(O_i'')}{t_i},$$

weil die elektrischen Zusatzströme der Defektelektronen und der O-Ionen den Bruchteilen t_h und t_i des Gesamtstroms gleich sind. Zusammen mit (5.11) und (5.13) folgt hieraus für die zur Wachstumsrate proportionale O-Ionenstromdichte:

$$j(O_i'') = -\frac{\varkappa t_i t_h}{2eL}\left(U + \frac{U_{a0} - U_a}{t_h}\right). \tag{5.14}$$

Die Gegenüberstellung mit (5.11) zeigt, daß $(U_{a0} - U_a)/t_h$ als zusätzliche „Triebkraft" für die Oxydation wirkt. Tatsächlich wird bei $U_a < U_{a0}$, also positiver Polung des Si, die SiO_2-Wachstumsrate vergrößert durch Verstärkung des O_i''-Feldstroms zum Si hin. Bei $U_a > U_{a0}$ wird sie dagegen vermindert, und sie verschwindet, wenn der Feldstrom der O_i''-Ionen entgegengesetzt gleich ihrem Diffusionsstrom ist[1]). Für diesen wichtigen Fall folgt mit $j(O_i'') = 0$ aus (5.14) $(U_{a,\mathrm{stop}} - U_{a0})/t_h = U$, d. h. mit (5.10):

$$U_{a,\mathrm{stop}} = U. \tag{5.15}$$

Somit ist die reversible Zellspannung für den hypothetischen Fall reiner Ionenleitung U durch Messung derjenigen äußeren Spannung erhältlich, die das Schichtwachstum stoppt. Beispielsweise ergibt sich bei einem Sauerstoffdruck $P_{II} = 1$ at und 850 °C experimentell $U_{a,\mathrm{stop}} = 1{,}6$ V. Dies kommt dem thermodynamisch auf der Grundlage von (5.8) erhaltenen Wert von

[1]) Bei weiterer Erhöhung von U_a wird der Diffusionsstrom der O_i''-Ionen durch ihren vom Si weggerichteten Feldstrom überkompensiert, und es tritt in Umkehrung der Bildungsreaktion (5,6) eine elektrolytische Zersetzung des SiO_2 ein.

$U = 1{,}76$ V am nächsten[1]), der für einen Sauerstofftransport durch zweifach geladene Ionen berechnet wurde (entsprechend $4e$ in (5.7) wegen der Beteiligung von 2 Sauerstoffatomen am Formelumsatz).

Hiermit ist zwar der bereits im Abschn. 5.1. vorweggenommene Betrag 2 der Ionenladung gerechtfertigt, aber noch nicht das negative Vorzeichen. Neben O_i''-kommen $V_O^{\cdot\cdot}$-Ionen, also vakante Sauerstoffionenplätze mit positiver Überschußladung, für den O-Transport in Betracht. Jedoch ist die O-Überführungszahl t_i bei einem Phosphor-Gehalt im SiO_2 größer als bei einem Bor-Gehalt. Man hat substitutionellen Einbau, also P_{Si} mit Donator- und B_{Si} mit Akzeptor-Charakter anzunehmen. Also ist nach den Gleichungen (5.5 bis 5.9a) und den allgemeinen Kenntnissen über die Konzentrationsbeeinflussung geladener Defekte aus Abschn. 2.6.1. auf O_i'' und $h^{\cdot}$ als Träger der ionischen und elektronischen Leitfähigkeit zu schließen, während bei $V_O^{\cdot\cdot}$ und e' der umgekehrte Dotierungseinfluß auftreten müßte. — Lediglich als unbewegliche Ionen kommen die $V_O^{\cdot\cdot}$-Störstellen für die Ladungskompensation der beweglichen O_i''-Ionen in Betracht, da die Konzentration der Defektelektronen hierfür zu gering ist.

Schlußbemerkungen

Mit der Si-Oxydation wurde zuletzt ein relativ komplexes halbleiterchemisches Problem behandelt, wobei wir auf zusätzliche Einflüsse, die z. B. durch Verunreinigungen oder in der Technologie verwendete, bewußte Fremdstoffbeigaben (H_2O, HCl) entstehen, nicht eingehen konnten. Insgesamt sind noch zahlreiche Details offen, was auch für andere halbleitertechnologische Pro-

[1]) Die Differenz kann z. B. durch Polarisationserscheinungen an den Phasengrenzen bedingt sein, von denen mit der Annahme lokalen Gleichgewichts abgesehen wurde. Auch kommt ein geringer Anteil einfach geladener Ionen in Betracht; bei deren alleinigem Auftreten würde sich nur der halbe U-Wert ergeben.

zesse gilt, die erst nach und nach aus dem Stadium des empirisch Erprobten in das des wissenschaftlich Erkannten und Beherrschten gelangen.

Bei unserer Darstellung lag das Schwergewicht, wie bei allen vorangegangenen Betrachtungen, auf dem Herausschälen der Elementarprozesse sowie auf dem quantitativen Erfassen vereinfachter Grenzsituationen. Bei diesem Vorgehen lassen sich die Prinzipien und Methoden der Halbleiterchemie am besten erkennen und einüben, so daß weitere Informationen anhand der Literatur oder eigener Experimente gefunden und eingeordnet werden können mit dem Ziel, auch kompliziertere Situationen zu analysieren und zu beherrschen.

Weiterführende Literatur

[1] *Болтакс, Б. И.:* Диффузия и точечные дефекты в полупроводниках. Изд. Наука, Ленинград 1972

[2] *Brauer, W., Streitwolf, H.-W.:* Theoretische Gundlagen der Halbleiterphysik. WTB 119, Akademie-Verlag, Berlin 1977

[3] *Дорфман, В. Ф.:* Газофазная микрометаллургия полупроводников. Изд. Металлургия, Москва 1974

[4] *Gorjunowa, N. A.:* Halbleiter mit diamantähnlicher Struktur. Teubner-Verlag, Leipzig 1971

[5] *Hadamovsky, H.-F.* (Hrsg.): Halbleiterwerkstoffe. (2. Aufl.) VEB Deutscher Verlag für Grundstoffindustrie, Leipzig 1972

[6] *Harth, W.:* Halbleitertechnologie. Teubner-Verlag, Stuttgart 1972

[7] *Jarzebski, Z. M.:* Oxide Semiconductors. Wydawnictwa Naukowo-Techniczne Warsawa, and Pergamon Press, Oxford 1973

[8] *Kröger, F. A.:* The Chemistry of Imperfect Crystals. Vol. 1: Preparation, Purification, Crystal Growth and Phase Theory. Vol. 2: Imperfektion Chemistry of Crystalline Solids. Vol. 3: Applications of Imperfection Chemistry, Solid State Reactions and Electrochemistry. (2. Aufl.) North Holland Publ. Co. 1974

[9] *Madelung, O.:* Grundlagen der Halbleiterphysik. Springer-Verlag, Berlin—Heidelberg—New York 1970

[10] *Meier, H.:* Organic Semiconductors. Verlag Chemie, Weinheim 1974

[11] *Neuberger, M.:* Handbook of Electronic Materials. Vol. 2: III—V Semiconducting Compounds. Vol. 5: Group IV Semiconducting Materials. IFI/Plenum, New York—Washington—London 1971

[12] *Ормонт, Б. Ф.:* Введение в физическую химию и кристаллохимию полупроводников. Изд. Высшая школа, Москва 1973 (Dt. Übersetzung b. Akademie-Verlag Berlin in Vorbereitung)

[13] *Paul, R.:* Halbleiterphysik. VEB Verlag Technik, Berlin 1974

[14] *Phillips, J. C.:* Bonds and Bands in Semiconductors. Academic Press, New York 1973

[15] *Rabii, S.* (Hrsg.): Physics of IV—VI Compounds and Alloys. Gordon and Breach, London—New York—Paris 1974

[16] *Ray, B.:* II—VI Compounds, Pergamon Press, Oxford 1969

[17] *Ruge, I.:* Halbleitertechnologie. Springer-Verlag, Berlin—Heidelberg—New York 1975

[18] *Schmalzried, H.:* Festkörperreaktionen, Chemie des festen Zustandes. Verlag Chemie, Weinheim 1971 und Akademie-Verlag, Berlin 1973

[19] *Schmalzried, H., Navrotsky, A.:* Festkörperthermodynamik, Chemie des festen Zustands. Verlag Chemie, Weinheim 1975

[20] *Shaw, D.* (Hrsg.): Atomic Dfffusion in Semiconductors. Plenum, London—New York 1973

[21] *Tuck, B.:* Introduction to Diffusion in Semiconductors. P. Peregrinus, Stevenage, Herts 1974

[22] *Угай, Я. А.:* Введение в химию полупроводников. Изд. Высшая школа, Москва 1975

Sachverzeichnis

Halbleiterbauelementeelektronik

Von einem Autorenkollektiv
unter Leitung von H. G. SCHNEIDER

1977. 496 Seiten — 285 Abbildungen — 31 Tabellen — gr. 8°
Leinen 58,— M
Bestell-Nr. 762 260 8 (6339)

In 18 ausgewählten Beiträgen wird die Problematik der Halbleiterbauelementeelektronik, d. h. der inneren Elektronik von Halbleiterbauelementen behandelt. Dabei umfaßt die Darstellung vor allem die Komplexe

— elektrisch gesteuerte Halbleiterbauelemente
— nichtelektrisch gesteuerte Halbleiterbauelemente.

Mit seiner Themenauswahl und Beschränkung auf Schwerpunkte wird dieses Buch Fachleute der Bauelemente herstellenden und anwendenden Industrie ansprechen und helfen, über weitergesteckte Aufgaben der künftigen Entwicklung nachzudenken und nach neuen tragfähigen Lösungen zu suchen.

Bestellungen durch eine Buchhandlung erbeten

AKADEMIE-VERLAG · BERLIN

Der Autor

- stellt die für Grundlagenforschung und industrielle Anwendung wichtigsten Halbleiter vor und skizziert Zusammenhänge ihrer Eigenschaften mit dem chemischen Bindungscharakter

- führt den Leser in die physikalisch-chemische Behandlung von Fehlordnungszuständen ein, die über die Halbleiterchemie hinaus für das gesamte Festkörpergebiet grundlegend ist

- erläutert die gezielte Beeinflussung von Halbleitereigenschaften anhand einfacher Modellfälle und behandelt die Grundlagen wichtiger Prozesse der Mikroelektronik-Technologie, wie der Dotierung und der thermischen Oxydation des Siliziums

- wendet sich an Studierende und Absolventen der Chemie, Physik, Kristallographie, Bauelementeelektronik und Werkstoffwissenschaften

WISSENSCHAFTLICHE TASCHENBÜCHER

FSC
www.fsc.org
MIX
Papier | Fördert
gute Waldnutzung
FSC® C083411

Zeitfracht Medien GmbH
Ferdinand-Jühlke-Straße 7
99095 Erfurt, Deutschland
produktsicherheit@kolibri360.de